高职高专计算机教学改革新体系 教材

# JavaScript+jQuery Web 交互程序设计（第2版）

李 妍 赵立群 主 编
范晓莹 马瑞奇 副主编

清华大学出版社
北京

## 内 容 简 介

本书采用模块化、任务式内容编排方式，根据JavaScript+jQuery Web交互程序设计操作规程，结合实际应用具体介绍了JavaScript基础、应用CSS、DOM模型、JavaScript中的对象、JavaScript中的事件与事件处理、JS网页特效、jQuery基础、jQuery选择器、使用jQuery制作动画与特效、jQuery与Ajax、jQuery的插件的开发与使用等相关内容，意图通过指导学生实训和强化实践进而加强应用技能培养。

本书具有知识系统、案例丰富、贴近实际，以及注重专业技术与实践应用相结合等特点，既可以作为应用型大学和高职高专计算机网络、电子商务等专业的首选教材，也可以用于企事业从业者的在职岗位培训，或作为广大IT就业创业者的自学参考用书。

本书封面贴有清华大学出版社防伪标签，无标签者不得销售。
版权所有，侵权必究。举报：010-62782989，beiqinquan@tup.tsinghua.edu.cn。

**图书在版编目（CIP）数据**

JavaScript+jQuery Web交互程序设计/李妍，赵立群主编．—2版．—北京：清华大学出版社，2024.6
高职高专计算机教学改革新体系教材
ISBN 978-7-302-63305-1

Ⅰ.①J… Ⅱ.①李… ②赵… Ⅲ.①JAVA 语言—网页制作工具 高等职业教育—教材 Ⅳ.①TP312 ②TP393.092

中国国家版本馆CIP数据核字(2023)第059256号

责任编辑：颜廷芳
封面设计：常雪影
责任校对：袁　芳
责任印制：宋　林

出版发行：清华大学出版社
网　　址：https://www.tup.com.cn，https://www.wqxuetang.com
地　　址：北京清华大学学研大厦A座　　邮　编：100084
社 总 机：010-83470000　　邮　购：010-62786544
投稿与读者服务：010-62776969，c-service@tup.tsinghua.edu.cn
质量反馈：010-62772015，zhiliang@tup.tsinghua.edu.cn
课件下载：https://www.tup.com.cn，010-83470410

印 装 者：三河市龙大印装有限公司
经　　销：全国新华书店
开　　本：185mm×260mm　　印 张：17　　字 数：407千字
版　　次：2018年4月第1版　2024年6月第2版　印 次：2024年6月第1次印刷
定　　价：49.00元

产品编号：094475-01

# 前言

## FOREWORD

随着计算机技术与网络通信技术的飞速发展，涌现了大量如电子商务、电子政务、物联网、大数据、云计算、人工智能等新经济、新业态，计算机及网络应用已经渗透到社会经济各个领域，并在促进生产、促进外贸、开拓国际市场、拉动就业、支持大学生创业、推动经济发展、改善民生、丰富社会文化生活、构建和谐社会等方面发挥着巨大作用。

Web交互程序设计是计算机应用技术及其相关专业非常重要的专业核心课程，也是IT从业者必须具备的关键技能。一个标准的网页由结构、表现、行为三部分组成，对应的标准语言分别是结构化标准语言、表现标准语言和行为标准语言。JavaScript＋jQuery主要负责页面中元素的行为，是目前运用最广泛的行为标准语言，它可以让页面更加实用、友好并且丰富多彩。

本书自出版以来，因内容实用且语言通俗易懂而深受全国各高校广大师生的欢迎，目前已多次重印，此次改版，编者审慎地对第1版进行了去粗取精并加以新内容的补充，以使其更能体现计算机网络应用技术的最新发展，更好地为国家经济建设和职业教育教学实践服务。

本书作为高职高专计算机应用技术及其相关专业的特色教材，以学习者应用能力提高为主线，严格遵循教育部关于"加强职业教育、突出实践能力培养"的教学改革精神，针对该课程教学的特殊要求和职业应用能力的培养目标，既注重理论知识讲解，又突出从业实际操作技能训练，力求做到"课上"讲练结合重在流程和方法的掌握，"课下"学以致用能够具体应用于企事业实际工作，这将更有助于学生尽快掌握应知应会专业技能。

本书共12章，采用模块化、任务式写作方式，根据JavaScript＋jQuery Web交互程序设计操作规程，结合应用具体介绍了JavaScript基础、应用CSS、DOM模型、JavaScript中的对象、JavaScript中的事件与事件处理、JS网页特效、jQuery基础、jQuery选择器、使用jQuery制作动画与特效、jQuery与Ajax、jQuery的插件的开发与使用等相关内容，通过指导学生实训和强化实践进而加强应用技能培养。

由于本书融入了JavaScript＋jQuery Web交互程序设计最新的实践教学理念，力求严谨，注重与时俱进，具有知识系统、案例丰富、贴近实际，以及注重专业技术与实践应用相结合等特点，因此既可以作为应用型大学和高职高专计算机网络、电子商务等专业的首选教材，也可以用于企事业从业者的在职岗位培训，或作为广大IT就业创业者的自学参考用书。

本书由李大军筹划并具体组织,李妍和赵立群任主编,李妍统稿,范晓莹、马瑞奇任副主编,由柴俊霞教授审订。参与编写人员有牟惟仲(序言)、李妍(第1章、第3章、第4章、第6章)、赵立群(第2章、第7章、第12章)、范晓莹(第5章、第8章、第10章)、马瑞奇(第9章、第11章、整理案例代码)、李晓新(文字修改、版式调整、制作教学课件)。

在本书改版过程中,我们参阅了大量国内外有关JavaScript+jQuery Web交互程序设计的最新书刊和相关网站资料,精选了具有典型意义的案例,并得到计算机行业协会及业界专家的具体指导,在此一并致谢。因编者水平有限,书中难免存在疏漏和不足之处,恳请同行和读者批评、指正。

编 者

2024年1月

# 目录

## CONTENTS

### 第 1 章 JavaScript 概述 ………………………………………………… 1

1.1 JavaScript 简介 …………………………………………………… 1
    1.1.1 JavaScript 语言的发展过程 ……………………………… 1
    1.1.2 JavaScript 的特点 ………………………………………… 1
    1.1.3 JavaScript 的应用 ………………………………………… 2
1.2 JavaScript 的运行及编辑 ………………………………………… 2
    1.2.1 主要功能 …………………………………………………… 2
    1.2.2 JavaScript 的语言组成 …………………………………… 2
    1.2.3 编辑工具 …………………………………………………… 3
1.3 JavaScript 的加载 ………………………………………………… 5
    1.3.1 内部引用 JavaScript ……………………………………… 5
    1.3.2 外部引用 JavaScript 文件 ……………………………… 6
    1.3.3 内联引用 JavaScript ……………………………………… 6
1.4 上机实战 …………………………………………………………… 7
课后练习 ………………………………………………………………… 8

### 第 2 章 JavaScript 基础 ………………………………………………… 9

2.1 JavaScript 的语法规则 …………………………………………… 9
    2.1.1 标识符 ……………………………………………………… 9
    2.1.2 变量 ………………………………………………………… 10
    2.1.3 注释 ………………………………………………………… 11
2.2 数据类型 …………………………………………………………… 12
    2.2.1 数值型(Number) …………………………………………… 12
    2.2.2 字符串类型(String) ……………………………………… 12
    2.2.3 布尔型(Boolean) ………………………………………… 12
    2.2.4 未定义值型(Undefined)和空值型(Null) ……………… 13
2.3 运算符和表达式 …………………………………………………… 13
    2.3.1 算术运算符 ………………………………………………… 13
    2.3.2 赋值运算符 ………………………………………………… 13
    2.3.3 关系运算符 ………………………………………………… 14

2.3.4 逻辑运算符 ………………………………………………… 14
2.3.5 字符串运算符 ……………………………………………… 14
2.4 上机实战 ……………………………………………………………… 15
2.4.1 变量的定义和显示 ………………………………………… 15
2.4.2 算术运算符的使用 ………………………………………… 15
2.4.3 关系运算符的使用 ………………………………………… 17
2.5 流程控制 ……………………………………………………………… 17
2.5.1 选择结构 …………………………………………………… 18
2.5.2 循环结构 …………………………………………………… 24
2.6 函数 …………………………………………………………………… 28
2.6.1 函数的定义和调用 ………………………………………… 28
2.6.2 带有返回值的函数 ………………………………………… 30
2.6.3 变量的作用域 ……………………………………………… 31
课后练习 …………………………………………………………………… 31

# 第 3 章 应用 CSS …………………………………………………………… 32

3.1 CSS 概述 ……………………………………………………………… 32
3.1.1 CSS 的优势 ………………………………………………… 32
3.1.2 CSS 语法基础 ……………………………………………… 33
3.1.3 如何编辑 CSS ……………………………………………… 34
3.2 CSS 选择器 …………………………………………………………… 36
3.2.1 CSS 基本语法 ……………………………………………… 36
3.2.2 标记选择器 ………………………………………………… 36
3.2.3 类选择器 …………………………………………………… 37
3.2.4 ID 选择器 …………………………………………………… 38
3.2.5 其他选择器 ………………………………………………… 39
3.3 CSS 的使用方法 ……………………………………………………… 43
3.3.1 行内样式 …………………………………………………… 44
3.3.2 内嵌式 ……………………………………………………… 45
3.3.3 链接式 ……………………………………………………… 46
3.3.4 导入样式 …………………………………………………… 47
3.3.5 用脚本来运用 CSS 样式 …………………………………… 48
3.4 CSS 应用 ……………………………………………………………… 50
3.4.1 长度单位和颜色单位 ……………………………………… 50
3.4.2 CSS 设置字体 ……………………………………………… 51
3.4.3 CSS 设置文本 ……………………………………………… 54
3.4.4 CSS 设置图像 ……………………………………………… 58
3.4.5 CSS 设置背景 ……………………………………………… 60
3.4.6 CSS 设置超链接 …………………………………………… 64

    3.4.7 CSS 设置鼠标特效 ………………………………………… 64

    3.4.8 CSS 制作实用菜单 ………………………………………… 66

  课后练习 …………………………………………………………………… 69

## 第 4 章　DOM 模型 …………………………………………………………… 70

  4.1 DOM 简介 ……………………………………………………………… 70

  4.2 DOM 编程基础 ………………………………………………………… 71

    4.2.1 DOM 树的结构 …………………………………………… 71

    4.2.2 DOM 模型中的节点 ……………………………………… 71

    4.2.3 document 对象 ……………………………………………… 73

  4.3 DOM 节点操作 ………………………………………………………… 74

    4.3.1 获取 DOM 中的元素 ……………………………………… 74

    4.3.2 节点的常用属性和方法 …………………………………… 79

    4.3.3 检测节点类型 ……………………………………………… 79

    4.3.4 利用父、子、兄关系查找节点 …………………………… 80

    4.3.5 设置节点属性 ……………………………………………… 85

    4.3.6 创建和添加节点 …………………………………………… 87

    4.3.7 删除节点 …………………………………………………… 89

    4.3.8 替换节点 …………………………………………………… 90

    4.3.9 在特定节点前插入节点 …………………………………… 90

    4.3.10 在特定节点后插入节点 ………………………………… 92

  4.4 使用非标准 DOM innerHTML 属性 …………………………………… 93

  4.5 DOM 与 CSS …………………………………………………………… 95

    4.5.1 三位一体的页面 …………………………………………… 95

    4.5.2 使用 className 属性 ……………………………………… 96

  课后练习 …………………………………………………………………… 98

## 第 5 章　JavaScript 中的对象 ………………………………………………… 99

  5.1 对象的基本概念 ……………………………………………………… 99

    5.1.1 对象的属性和方法 ………………………………………… 99

    5.1.2 对象的创建 ………………………………………………… 99

  5.2 内置对象 ……………………………………………………………… 100

    5.2.1 字符串对象(String) ……………………………………… 101

    5.2.2 数字对象(Number) ……………………………………… 102

    5.2.3 算数对象(Math) ………………………………………… 104

    5.2.4 日期对象(Date) ………………………………………… 106

    5.2.5 数组对象(Array) ………………………………………… 108

    5.2.6 浏览器对象(navigator) ………………………………… 110

    5.2.7 文档对象(document) …………………………………… 112

5.2.8 窗口对象(window) …………………………………………………… 114
课后练习 ………………………………………………………………………… 116

## 第 6 章 JavaScript 中的事件与事件处理 …………………………………… 118

### 6.1 事件及事件处理程序 …………………………………………………… 118
6.1.1 事件 …………………………………………………………………… 118
6.1.2 事件和事件处理程序 ………………………………………………… 120

### 6.2 JavaScript 的常用事件 ………………………………………………… 121
6.2.1 键盘事件 ……………………………………………………………… 121
6.2.2 鼠标事件 ……………………………………………………………… 122
6.2.3 Load 事件和 Unload 事件 …………………………………………… 125
6.2.4 表单事件 ……………………………………………………………… 127

课后练习 ………………………………………………………………………… 128

## 第 7 章 JS 网页特效 …………………………………………………………… 129

### 7.1 文字特效 ………………………………………………………………… 129
7.1.1 跑马灯效果 …………………………………………………………… 129
7.1.2 打字效果 ……………………………………………………………… 130
7.1.3 文字大小变化效果 …………………………………………………… 132

### 7.2 图片特效 ………………………………………………………………… 133
7.2.1 改变页面中图片的位置 ……………………………………………… 133
7.2.2 鼠标拖动滑块改变图片大小 ………………………………………… 134
7.2.3 不断闪烁的图片 ……………………………………………………… 137

### 7.3 时间和日期特效 ………………………………………………………… 137
7.3.1 标题栏显示分时问候语 ……………………………………………… 138
7.3.2 显示当前系统时间 …………………………………………………… 139
7.3.3 星期查询功能 ………………………………………………………… 139

### 7.4 鼠标特效 ………………………………………………………………… 139
7.4.1 屏蔽鼠标右键 ………………………………………………………… 139
7.4.2 获取鼠标位置坐标 …………………………………………………… 140
7.4.3 移动时改变鼠标指针外观 …………………………………………… 141

### 7.5 菜单特效 ………………………………………………………………… 142
7.5.1 左键弹出菜单 ………………………………………………………… 143
7.5.2 下拉菜单 ……………………………………………………………… 143
7.5.3 滚动菜单 ……………………………………………………………… 145

### 7.6 表单特效 ………………………………………………………………… 151
7.6.1 控制用户输入字符个数 ……………………………………………… 151
7.6.2 设置单选按钮 ………………………………………………………… 152
7.6.3 设置复选框 …………………………………………………………… 154

　　　　7.6.4　设置下列菜单 ………………………………………………… 155
7.7　其他常用特效 …………………………………………………………… 157
　　　　7.7.1　js 页面加载进度条 ………………………………………… 157
　　　　7.7.2　js 实现简单选项卡与自动切换效果 ………………………… 158
课后练习 ………………………………………………………………………… 160

## 第 8 章　jQuery 基础　162

8.1　jQuery 概述 ……………………………………………………………… 162
　　　　8.1.1　jQuery 简介 …………………………………………………… 162
　　　　8.1.2　jQuery 的功能 ………………………………………………… 171
　　　　8.1.3　jQuery 的特点 ………………………………………………… 171
　　　　8.1.4　下载并使用 jQuery …………………………………………… 172
8.2　jQuery 的关键字 $ ……………………………………………………… 174
　　　　8.2.1　选择器 ………………………………………………………… 174
　　　　8.2.2　功能函数前缀 ………………………………………………… 176
　　　　8.2.3　解决 windows.onload 函数的冲突 ………………………… 177
　　　　8.2.4　创建 DOM 元素 ……………………………………………… 177
　　　　8.2.5　自定义添加 $ ………………………………………………… 178
　　　　8.2.6　解决 $ 的冲突 ………………………………………………… 179
8.3　jQuery 对象与 DOM 对象 ……………………………………………… 179
　　　　8.3.1　两种对象简介 ………………………………………………… 179
　　　　8.3.2　jQuery 对象与 DOM 对象的相互转换 …………………… 180
8.4　案例——第一个 jQuery 程序 ………………………………………… 181
　　　　8.4.1　下载 jQuery 库文件 ………………………………………… 181
　　　　8.4.2　在程序中引入 jQuery 库文件 ……………………………… 182
课后练习 ………………………………………………………………………… 183

## 第 9 章　jQuery 选择器　184

9.1　jQuery 选择器简介 ……………………………………………………… 184
9.2　jQuery 选择器的分类 …………………………………………………… 184
9.3　jQuery 中元素属性的操作 ……………………………………………… 187
　　　　9.3.1　设置元素属性 ………………………………………………… 187
　　　　9.3.2　删除元素属性 ………………………………………………… 188
9.4　jQuery 中样式类的操作 ………………………………………………… 189
　　　　9.4.1　添加样式类 …………………………………………………… 189
　　　　9.4.2　移除样式类 …………………………………………………… 190
　　　　9.4.3　交替样式类 …………………………………………………… 191
9.5　jQuery 中样式属性的操作 ……………………………………………… 192
　　　　9.5.1　读取样式属性 ………………………………………………… 193

9.5.2 设置样式属性 …… 193
9.5.3 设置元素偏移 …… 194
9.6 jQuery 中元素内容的操作 …… 195
9.6.1 操作 HTML 代码 …… 196
9.6.2 操作文本 …… 196
9.6.3 操作表单元素的值 …… 197
9.7 筛选与查找元素集中的元素 …… 199
课后练习 …… 209

## 第 10 章 使用 jQuery 制作动画与特效 **210**

10.1 显示和隐藏元素 …… 210
  10.1.1 隐藏元素的 hide()方法 …… 210
  10.1.2 显示元素的 show()方法 …… 211
  10.1.3 交替显示隐藏元素 …… 213
10.2 滑动效果 …… 216
  10.2.1 向上收缩效果 …… 216
  10.2.2 向下展开效果 …… 217
  10.2.3 交替伸缩效果 …… 218
10.3 淡入/淡出效果 …… 220
  10.3.1 淡入效果 …… 220
  10.3.2 淡出效果 …… 221
  10.3.3 交替淡入/淡出效果 …… 221
  10.3.4 不透明效果 …… 222
10.4 自定义动画效果 …… 222
  10.4.1 自定义动画 …… 222
  10.4.2 动画队列 …… 223
  10.4.3 动画停止和延时 …… 224
课后练习 …… 227

## 第 11 章 jQuery 与 Ajax **228**

11.1 Ajax 简介 …… 228
  11.1.1 Ajax 概述 …… 228
  11.1.2 Ajax 原理和 XmlHttpRequest 对象 …… 228
  11.1.3 jQuery 中 Ajax 操作函数 …… 236
11.2 jQuery 中的 Ajax 方法 …… 236
  11.2.1 load()方法 …… 236
  11.2.2 $.get()方法和$.post()方法 …… 238
  11.2.3 $.getScript()方法和$.getJSON()方法 …… 242
  11.2.4 $.ajax()方法 …… 242

11.3　jQuery 中的 Ajax 事件 …………………………………………………… 243
课后练习 ……………………………………………………………………… 245

## 第 12 章　jQuery 的插件的开发与使用 …………………………………………… 246

12.1　jQuery 插件 ……………………………………………………………… 246
12.2　常用 jQuery 插件 ………………………………………………………… 247
12.3　开发自己的插件 ………………………………………………………… 252
课后练习 ……………………………………………………………………… 256

## 参考文献 ……………………………………………………………………………… 257

# 第 1 章

# JavaScript 概述

Chapter 1

| 学习目标 | 了解 JavaScript 的概念及功能；<br>掌握 JavaScript 编辑方法。 |

## 1.1 JavaScript 简介

JavaScript 是互联网上最流行的脚本语言，这门语言可用于 HTML 和 Web，更可广泛用于服务器、PC、笔记本电脑、平板电脑和智能手机等设备。

JavaScript(JS)是一种具有函数优先的轻量级、解释型或即时编译型的编程语言(脚本语言是一种简单的程序，这些程序由一些 ASCII 字符构成，可以使用任何一种文本编译器来编写)，以网页为基础，基于对象和事件驱动，主要对网页进行修饰，并可以与服务器端程序进行通信。

JavaScript 的解释器被称为 JavaScript 引擎，是浏览器的一部分，常用来为网页添加各式各样的动态功能，实现交互访问并为用户提供更流畅美观的浏览效果。

### 1.1.1 JavaScript 语言的发展过程

JavaScript 在 1995 年由 Netscape 公司的 Brendan Eich 设计。JavaScript 是甲骨文公司的注册商标。发展初期，JavaScript 的标准并未确定，同期有 Netscape 的 JavaScript，微软的 JScript 和 CEnvi 的 ScriptEase，呈现三足鼎立的局面。1997 年，在 ECMA(欧洲计算机制造商协会)的协调下，由 Netscape、Sun、微软、Borland 等公司组成的工作组确定了统一标准 ECMA-262。最终 JavaScript 的正式名称确定为 ECMA Script，并由 ECMA 组织负责发展和维护。

### 1.1.2 JavaScript 的特点

JavaScript 脚本语言具有以下特点。

(1) 脚本语言。JavaScript 是一种解释型的脚本语言，是在程序的运行过程中逐行进行解释运行的。

(2) 基于对象和事件驱动。JavaScript 是一种基于对象的脚本语言，它不仅可以创建对象，也能使用现有的对象。

(3) 简单。JavaScript 语言中采用的是弱类型的变量类型，对使用的数据类型未做出严格的要求，是基于 Java 基本语句和控制的脚本语言，其设计简单紧凑。

（4）动态性。JavaScript 是一种采用事件驱动的脚本语言，它不需要经过 Web 服务器就可以对用户的输入做出响应。在访问一个网页时，当在网页中进行单击或上下移动窗口等操作时 JavaScript 都可直接对这些事件做出响应。

（5）跨平台性。JavaScript 脚本语言不依赖于操作系统，仅需要浏览器的支持。因此一个 JavaScript 脚本在编写后可以在任意机器上使用，前提是机器上的浏览器应支持 JavaScript 脚本语言，目前 JavaScript 已被大多数的浏览器所支持。

### 1.1.3 JavaScript 的应用

JavaScript 虽然是一种脚本语言，但其功能十分强大，主要有以下几种应用。

（1）网页特效。使用 JavaScript 可以创建很多网页特效，如鼠标特效、键盘特效等。

（2）表单验证。使用 JavaScript 可以方便地验证用户输入内容的合法性并给予提示。

（3）网页互动。使用 JavaScript 可以对不同事件产生不同的响应。

（4）增加安全性。使用 JavaScript 设置验证码可防止恶意注册和恶意发布信息。

（5）制作游戏。使用 JavaScript 可以制作一些小游戏甚至大型游戏。

（6）其他。使用 JavaScript 还可以利用 Cookies 存储用户信息，减少用户登录操作，也可以减少编写和维护代码工作量等。另外还有很多功能可以按需求加以实现。

## 1.2 JavaScript 的运行及编辑

JavaScript 脚本是嵌入在 HTML 中的代码段，因此只要是能编辑 HTML 的编辑器都可以编辑 JavaScript。

### 1.2.1 主要功能

利用 JavaScript 可实现以下主要功能。

（1）利用 JavaScript 可以嵌入动态文本于 HTML 页面。

（2）利用 JavaScript 可实现对浏览器事件做出响应。

（3）利用 JavaScript 可以读写 HTML 元素。

（4）在数据被提交到服务器之前利用 JavaScript 用于验证数据。

（5）访问访客的浏览器信息。利用 JavaScript 可以创建和修改 Cookies。

（6）利用 JavaScript 可以基于 Node.js 技术进行服务器端编程。

### 1.2.2 JavaScript 的语言组成

JavaScript 是一门客户端脚本语言，主要由 3 部分组成：①ECMAScript；②文档对象模型（DOM）；③浏览器对象模型（BOM）。

（1）ECMAScript。由 ECMA-262 定义，提供核心语言功能。

（2）DOM。文档对象模型（document object model，DOM）是针对 XML 但经过扩展用于 HTML 的应用程序接口（application programming interface，API）。DOM 提供了访问和操作网页内容的方法和接口。

（3）BOM。浏览器对象模型（browser object model，BOM），提供了与浏览器交互的方法和接口。

### 1.2.3 编辑工具

**1. 纯文本编辑器**

纯文本编辑器是最简单的文本编辑器,例如记事本。在使用一般纯文本的编辑器时都需要用户手动编写相关代码,这需要用户对 JavaScript 的语法和对象等的使用比较熟悉。适用于对代码临时打开查看并进行简单的局部修改等操作。

在文本编辑工具中输入 JavaScript 代码并保存,然后在支持 JavaScript 的浏览器上打开可以看到具体效果。

【案例】 利用记事本编辑 JavaScript 代码。

(1) 新建记事本文件,输入以下代码。

```html
<html>
  <head>
    <title>chap1_1</title>
    <script>
      document.write("记事本编辑 JavaScript!")
    </script>
  </head>
  <body>
    这是一个 JavaScript 示例。
  </body>
</html>
```

(2) 将文件另存为 chap1_1.html。

JavaScript 是一种解释型语言,也就是说,其代码的执行不需要预先进行编译,直接在浏览器中运行就可以实现所需功能,其显示效果如图 1-1 所示。

图 1-1 利用记事本编辑 JavaScript 代码运行效果

JavaScript 的语句书写类似 Java 或 C 语言,语法规则也很相似,通常要在每行语句的结尾处加上一个分号,但根据 JavaScript 标准分号是可选的,浏览器也可以把行末作为语句的结尾,但需要注意,如果在一行上写下多条语句时,每条语句的结尾处必须使用分号。

**2. Adobe Dreamweaver**

Adobe Dreamweaver 的中文名称"梦想编织者",是由美国 ACROMEDIA 公司开发的集网页制作和网站管理于一身的所见即所得网页编辑器,Dreamweaver 是第一套针对专业网页设计师特别研发的视觉化网页开发工具,利用它可以轻而易举地制作出跨越平台限制和跨越浏览器限制的充满动感的网页。利用对 HTML、CSS、JavaScript 等内容的支持,设计师和程序员可以在几乎任何地方快速制作和进行网站建设。

在手动编辑 JavaScript 方面,Dreamweaver 提供代码提示,用户访问代码提示,即可快速了解 HTML、CSS 和其他 Web 标准。使用视觉辅助功能减少错误并提高网站开发速度。

【案例】 利用 Dreamweaver 编辑 JavaScript 代码。

(1)启动 Dreamweaver ,在代码视图下输入以下代码。

```html
<html>
  <head>
    <meta http-equiv="Content-Type" content="text/html; charset=utf-8" />
    <title>chap1_2</title>
  </head>
  <body>
    <script>
        alert("提示信息!");
    </script>
  </body>
</html>
```

(2)将文件保存为 chap1_2.html,编辑状态如图 1-2(a)所示,显示效果如图 1-2(b)所示。

(a) 编辑状态

(b) 显示效果

图 1-2  编辑状态和显示效果

### 3. 其他常用编辑工具

目前使用比较多的编辑工具还有 Sublime Text 和 Web Storm 等。

Sublime Text 是一个代码编辑器，是由程序员 Jon Skinner 于 2008 年 1 月所开发的，它最初被设计为一个具有丰富扩展功能的 Vim。Sublime Text 具有漂亮的用户界面和强大的功能，例如代码缩略图、Python 的插件、代码段等。还可自定义键绑定、菜单和工具栏。Sublime Text 的主要功能包括拼写检查、书签、完整的 Python API、Goto 功能、即时项目切换、多选择、多窗口等。Sublime Text 是一个跨平台的编辑器，同时支持 Windows、Linux、macOS X 等操作系统。

Web Storm 是 Jet Brains 公司旗下一款 JavaScript 开发工具。被广大中国 JS 开发者誉为"Web 前端开发神器""最强大的 HTML 5 编辑器""最智能的 JavaScript IDE"等。与 IntelliJ IDEA 同源，继承了 IntelliJ IDEA 强大的 JS 部分的功能。

其他常用的编辑工具还有 Spket、Ixedit、Komodo Edit、EpicEditor 等。

## 1.3　JavaScript 的加载

在 HTML 文件中有三种方式加载 JavaScript，这些方式与 HTML 中加载 CSS 很相似，分为内部引用 JavaScript、外部引用 JavaScript 文件和内联引用 JavaScript。

### 1.3.1　内部引用 JavaScript

所谓内部引用 JavaScript，是指通过 script 标签加载 JavaScript 代码。将 JavaScript 的代码要放在 HTML 标记符＜script＞和＜/script＞之间。＜script＞和＜/script＞会告诉 JavaScript 代码在何处开始和结束。

【案例】

```
<script>
    //<script> 和 </script> 之间的代码行包含了 JavaScript
    alert("我的第一个 JavaScript");
</script>
```

提示：那些较早的案例可能会在＜script＞标签中使用代码 type＝"text/javascript"。现在已经不必这样做了。JavaScript 是目前包括支持 HTML 5 的浏览器中的默认脚本语言。

在 Dreamweaver 中的代码编辑环境里，可以看到 language 选项的可选值，其中以 j 开头的就都是支持 JavaScript 脚本的选项，如图 1-3 所示。

＜script＞标记符可以被放置在＜head＞和＜/head＞之间，如 chap1_1.html 文件所示。

＜script＞标记符还可以被放置在＜body＞和＜/body＞之间，如 chap1_2.html 文件所示。

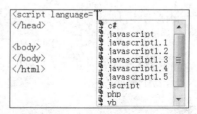

图 1-3　Dreamweaver 的代码编辑环境里 language 选项的可选值

### 1.3.2 外部引用 JavaScript 文件

所谓外部引用就是指引用 HTML 文件外部的 JavaScript 文件,这种方式可以使代码更清晰,更容易扩展。利用 HTML 的 script 标签加载外部 JavaScript 文件。

【案例】 外部引用 JavaScript 文件。

(1) 启动编辑软件,创建单独的 JS 文件,将下面的代码输入并将文件保存为 testjs.js。

```
/* 第一个 JavaScript 文件 */
document.write("外部 JavaScript 文件 testjs.js");
```

(2) 启动 Dreamweaver 软件,创建网页 chap1_3.html,输入代码如下:

```
<html>
  <head>
    <meta http-equiv="Content-Type" content="text/html; charset=utf-8" />
    <title>外部引用 JavaScript 文件</title>
  </head>
  <body>
    引用外部 JavaScript 文件:<font color="#FF0000"><script src="testjs.js"></script>
    </font>
  </body>
</html>
```

(3) 显示效果如图 1-4 所示。

图 1-4 外部引用 JavaScript 文件显示效果

提示:代码<script src="testjs.js"></script>也可以放到 head 标签内。

浏览器加载顺序是从上到下的,放在 head 标签中时,会在页面加载之前加载到浏览器里,而放在 body 标签中时,则会在页面加载完成之后读取。

### 1.3.3 内联引用 JavaScript

内联引用是通过 HTML 标签中的事件属性实现的,即通过事件调用 JavaScript 程序。例如通过单击事件调用 JavaScript。

【案例】 内联引用 JavaScript。

启动 Dreamweaver 软件,创建网页 chap1_4.html,输入代码如下:

```
<html>
  <head>
```

```
        <meta http-equiv="Content-Type" content="text/html; charset=utf-8" />
        <title>内联引用JavaScript</title>
    </head>
    <body>
        <input type="button" value="单击调用JavaScript" onclick="alert('你单击了一个按钮');">
    </body>
</html>
```

显示效果如图1-5所示。

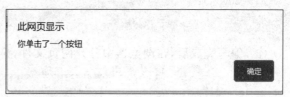

图1-5　内联引用显示效果

## 1.4　上机实战

编写JavaScript代码,实现6×5表格的显示。在Html网页中引入该JavaScript文件,实现单击按钮显示表格的功能。

(1) 编写JavaScript文件。

在编辑工具中新建一个空白文档,并输入下面的JavaScript代码,然后将文件保存为table.js。

```javascript
// 显示表格
function tbl()
{
  var i,j
  document.write("<table border=1 align=center width=85%>");
  for(i=1; i<=6; i++){
      if(i%2){
          document.write("<tr bgcolor=#cccccc>");
      }
      else{
          document.write("<tr bgcolor=#eeeeee>");
      }
      for(j=1; j<=5; j++){
          document.write("<td>第" + i + "行,第" + j + "列</td>");
      }
      document.write("</tr>");
  }
  document.write("</table>");
}
```

(2) 在编辑工具中输入下面的代码,并保存为网页文件 chap1_5.html。

```html
<html>
  <head>
    <meta http-equiv="Content-Type" content="text/html; charset=utf-8" />
    <title>显示表格</title>
    <script src="table.js"></script>
  </head>
  <body>
    <input type="button" value="显示表格" onClick="tbl()">
  </body>
</html>
```

(3) 编写完成后,在浏览器中打开网页文件,显示效果如图 1-6 所示。

图 1-6 显示效果

# 课 后 练 习

1. 利用三种加载 JavaScript 的方式,实现弹出提示对话框"调用内部 JS 和外部 JS 的练习"。

2. 利用三种加载 JavaScript 的方式,实现显示"欢迎进入 JavaScript 的学习"。

# 第 2 章
# JavaScript 基础

Chapter 2

| 学习目标 | 掌握 JavaScript 的语法规则；<br>熟练应用 JavaScript 进行程序设计。 |
|---|---|

## 2.1 JavaScript 的语法规则

Java 是面向对象的语言，是一种基于对象和事件驱动的编程语言。因此，它本身提供了非常丰富的内部对象供设计人员使用。如果用户之前已经有了 Java 或 C 等高级语言的编程基础，那么可以迅速掌握 JavaScript 的语法规则。

JavaScript 语法是一套规则，它定义了 JavaScript 的语言结构。

### 2.1.1 标识符

标识符是指 JavaScript 中定义的符号名称，例如，变量、函数、属性的名字，或者函数的参数等。

标识符可以任意取名，但必须遵循以下命名规则。

(1) 第一个字符必须是字母、下划线或美元符号。其他字符可以是字母、下划线、美元符号或数字。

(2) 字符中的字母可以包括拓展的 ASCII 或 Unicode 字母字符，也可以使用中文。

(3) 不能使用关键字、保留字、true、false 和 null。

(4) 标识符名称对大小写敏感，即大写的变量 A 和小写的变量 a 是两个不同的标识符。

JavaScript 常用关键字见表 2-1。

表 2-1 JavaScript 常用关键字

| break | delete | function | return | typeof |
|---|---|---|---|---|
| case | do | if | switch | var |
| catch | else | in | this | void |
| continue | false | instanceof | throw | while |
| debugger | finally | new | true | with |
| default | for | null | try | |

JavaScript 还为将来的扩展提前预留了一些保留字,见表 2-2。

表 2-2　JavaScript 扩展的保留字

| abstract | double  | goto       | native    | static       |
|----------|---------|------------|-----------|--------------|
| boolean  | enum    | implements | package   | super        |
| byte     | export  | import     | private   | synchronized |
| char     | extends | int        | protected | throws       |
| class    | final   | interface  | public    | transient    |
| const    | float   | long       | short     | volatile     |

除此之外,最好也避免使用有些对象或系统函数的名字,以免出现问题,比如 String 或 parseInt 等。

### 2.1.2　变量

在任何一个编程语言中都需要存储数据,这些数据一般都被存储在变量中。变量顾名思义就是可以变化的量,其中的内容在程序的运行过程中是可以发生变化的,因此变量一般是作为运行的中间过程或结果来存储数据的。比如循环中的计数值就要被存储在一个变量中,或是当要存储用户接收的输入值时,也要使用变量。

JavaScript 变量是松散类型的,可以用来保存任何类型的数据,不像 C 语言、Java 语言等当要存储不同类型的数据时需要将变量也定义为不同的数据类型。JavaScript 中的变量没有类型,使用时也可以先声明再赋值,也可以通过赋值来指定变量类型。

变量的声明语法规则:

```
var 变量名;
```

变量赋值语法规则:

```
var 变量名 = 值; //声明的同时赋值
```

或

```
变量名 = 值; //已声明,再赋值
```

说明:当要一次声明多个变量时,在变量之间要用逗号隔开。

例如:

```
var inum;
inum = 1234;
```

变量可以重复赋值,例如:

```
var S_a;
S_a = "字符串类型数据";
S_a = "Hello, JavaScript";
```

也可以通过赋值来指定变量的类型,例如:

```
f_a = 3.14;
f_b = 12.66;
f_sum = f_a + f_b;
document.write(f_sum);
```

## 2.1.3 注释

为了增强 JavaScript 程序的可读性,一般都会在源代码中增加注释内容,这些内容不是 JavaScript 程序的可执行语句,只是起到解释和说明的作用。另外在调试 JavaScript 程序时也会使用到注释,即在暂不需要执行的语句前增加注释,以观察程序运行效果。

JavaScript 程序的注释形式有两种,一种是单行注释,另一种是多行注释。单行注释只对一行内容进行注释,使用"//"开头的行即为注释行。多行注释可以对多行进行注释,以"/ *"开始,以" * /"结束,注意,多行注释符是不能嵌套使用的。

【案例】 注释的使用。

打开编辑软件,将新建文件保存为 chap2_1.html,代码如下:

```
<html><head>
<title>chap2_1</title>
<script>
    document.write("这行不是注释<p>");
    //下面一行的语句的开头增加了注释符
    //document.write("这行是注释<p>");
    document.write("这行也不是注释<p>");
    /* 本段为多行注释
        alert("无法显示的弹出对话框!");
        document.write("这句也不能显示<p>"); */
    document.write("这行可以显示了");
</script></head>
<body>
    <p>这是一个有注释的 JavaScript 例子.
</body></html>
```

显示效果如图 2-1 所示,代码中增加了注释行,但运行时只执行没有注释行的语句。

图 2-1 使用注释的显示效果

**说明**:注释语句不要过多,否则会影响 JavaScript 程序的加载和运行效率。

## 2.2 数据类型

JavaScript 的数据类型有字符串（String）、数字（Number）、布尔（Boolean）、数组（Array）、对象（Object）、空（Null）、未定义（Undefined）等。

JavaScript 拥有动态类型。这意味着相同的变量可用作不同的类型，例如：

```
var x                    // x 为未定义类型
var x = 2.3;             // x 为数字类型
var x = "JavaScript";    // x 为字符串类型
```

### 2.2.1 数值型（Number）

JavaScript（数值类型）用于表示一个数字，比如 2、-5、5e2。

数值型包括正数、负数，例如：

```
var x1 = 10;
var x2 = -10;
```

或者是整数和小数，例如：

```
var x1 = 3.14;
var x2 = 314;
```

极大或极小的数字可以通过科学（指数）记数法来表示，例如：

```
var y = 123e5;    // 等同于 123 * 10 * 10 * 10 * 10 * 10 => 12300000
var z = 123e-5;   // 等同于 123 * 0.1 * 0.1 * 0.1 * 0.1 * 0.1 => 0.00123
```

### 2.2.2 字符串类型（String）

字符串类型用于表示一串字符，字符串变量可以用来存储字符串，比如存储字符串 "JavaScript""梦想中国"。字符串类型应使用双引号（"）或单引号（'）括起来。

JavaScript 字符串定义方法如下：

```
var str = "字符串";                  //方法一
var str = new string("字符串");      //方法二
```

通常使用方法一，因为比较简单方便直观。

### 2.2.3 布尔型（Boolean）

布尔（逻辑）型只能有两个值 true 或 false。布尔型常用在条件测试中，它用于判断表达式的逻辑条件。每个关系表达式都会返回一个布尔值。例如：

```
x == 3         //上面的表达式是判断x是否等于3,如果等于,表达式为true,否则,表达式为false
```

### 2.2.4 未定义值型(Undefined)和空值型(Null)

未定义值表示变量不含有值。以下三种情况返回类型为未定义值。
(1) 当变量未初始化时。
(2) 当变量未定义时。
(3) 当函数无明确返回值时(函数没有返回值时返回的都是Undefined)。
Undefined并不等同于未定义的值,Undefined是指声明了但是没有初始化的变量。
空值Null表示尚未存在的对象,Null是用来准备保存对象,但还没有真正保存对象的值。从逻辑角度看,Null值表示一个空对象指针。实际上,Undefined值是派生自Null值的。
注意任何时候都不建议显式地定义一个变量为Undefined,但是如果保存对象的变量还没有真正保存对象,应该将其设置成Null。

## 2.3 运算符和表达式

在定义完变量后,就可以对它们进行赋值、改变、计算等一系列操作,这一过程通常用表达式来完成,表达式可以说是变量、常量、布尔及运算符的集合,因此表达式可以分为算术表述式、字符串表达式、赋值表达式及布尔表达式等。
运算符指用于完成操作的一系列符号,在JavaScript中有算术运算符,如＋、－、＊、/等;有比较运算符如!＝、＝＝等;有逻辑布尔运算符如!(取反)、|、||;有字符串运算符如＋、＋＝等。

### 2.3.1 算术运算符

算术运算符用于执行变量或值之间的算术运算,主要完成加、减、乘、除等运算。算术运算符见表2-3。

表2-3 算术运算符

| 运算符 | 描述 | 例子 | 结果 |
|---|---|---|---|
| ＋ | 加 | x=y+2 | x=7 |
| － | 减 | x=y-2 | x=3 |
| ＊ | 乘 | x=y*2 | x=10 |
| / | 除 | x=y/2 | x=2.5 |
| ％ | 求余数(保留整数) | x=y%2 | x=1 |
| ++ | 累加 | x=++y | x=6 |
| -- | 递减 | x=--y | x=4 |

### 2.3.2 赋值运算符

赋值运算符用于给JavaScript变量赋值,见表2-4。

表 2-4 赋值运算符

| 运 算 符 | 例　　子 | 等　价　于 |
|---|---|---|
| = | x＝y | |
| ＋= | x＋=y | x＝x＋y |
| －= | x－=y | x＝x－y |
| *= | x*=y | x＝x*y |
| /= | x/=y | x＝x/y |
| %= | x%=y | x＝x%y |

### 2.3.3 关系运算符

关系运算符又称比较运算符,一般用于逻辑语句,以测定变量或值是否相等,常见关系运算符见表2-5。

表 2-5 关系运算符

| 运算符 | 描述 | 例子 | 结　　果 |
|---|---|---|---|
| == | 等于 | a==b | 如果a和b的值相同则返回true(真),否则返回false(假) |
| != | 不等于 | a!=b | 如果a和b的值不相同则返回true(真),否则返回false(假) |
| > | 大于 | a>b | a大于b则返回true(真),否则返回false(假) |
| >= | 大于或等于 | a>=b | a大于或等于b则返回true(真),否则返回false(假) |
| < | 小于 | a<b | a小于b则返回true(真),否则返回false(假) |
| <= | 小于或等于 | a<=b | a小于或等于b则返回true(真),否则返回false(假) |

### 2.3.4 逻辑运算符

逻辑运算符一般用于语句的判断,测定变量或值之间的逻辑,返回逻辑类型的值,其运算符见表2-6。

表 2-6 逻辑运算符

| 运算符 | 描述 | 例子 | 结　　果 |
|---|---|---|---|
| && | 与 | a&&b | 只有当a和b同为true(真)时,才返回true(真)。否则,返回false(假) |
| \|\| | 或 | a\|\|b | 如果其中一个表达式为true(真),或两个表达式同为真,则返回true(真);否则,返回false(假) |
| ! | 非 | !a | 如果表达式a为true(真),则返回false(假)。如果表达式a为false(假),则返回true(真) |

### 2.3.5 字符串运算符

字符串运算符只有一个,即加号(＋),其用于把文本值或字符串变量前后连接起来。如果是将其他类型的值与字符串类型的值使用加号连接在一起,则结果是字符串类型的值。

## 2.4 上机实战

### 2.4.1 变量的定义和显示

新建文件 chap2_2.htm,输入代码如下:

```html
<html>
  <head>
    <meta http-equiv="Content-Type" content="text/html; charset=utf-8" />
    <title>定义数据</title>
  </head>
  <body>
    <script>
        var s = "定义不同数据类型的变量!";
        var x = 15;
        var y = 10.35;
        var z = 3.1415926;
        document.write("s = " + s + "<br>");
        document.write("x = " + x + "<br>");
        document.write("y = " + y + "<br>");
        document.write("z = " + z + "<br>");
    </script>
  </body>
</html>
```

显示效果如图 2-2 所示。

图 2-2  定义数据显示效果

### 2.4.2 算术运算符的使用

新建文件 chap2_3.htm,输入代码如下:

```html
<html>
  <head>
    <meta http-equiv="Content-Type" content="text/html; charset=utf-8" />
    <title>算术运算符</title>
  </head>
  <body>
```

```
        <script>
            var n = 789,x,y,z,s;
            x = n/10 % 2;
            y = (n - n % 10)/100;
            z = n % 10;
            s = n % 100/10;
            document.write("n = " + n + "<br>");
            document.write("x = " + x + "<br>");
            document.write("y = " + y + "<br>");
            document.write("z = " + z + "<br>");
            document.write("s = " + s + "<br>");
        </script>
    </body>
</html>
```

显示效果如图 2-3 所示。

新建文件 chap2_4.htm,输入代码如下:

```
<html>
    <head>
        <meta http-equiv = "Content-Type" content = "text/html; charset = utf-8" />
        <title>算术运算符</title>
    </head>
    <body>
        <script>
            var x = 7,y = 8;
            var b;
            b = (x > y)&&(++x == -- y);
            document.write("x = " + x + ",y = " + y + "<br>");
            document.write("b = " + b + "<br>");
        </script>
    </body>
</html>
```

显示效果如图 2-4 所示。

```
n=789
x=0.9000000000000057
y=7.8
z=9
s=8.9
```

图 2-3 算术运算符显示效果(1)

图 2-4 算术运算符显示效果(2)

## 2.4.3 关系运算符的使用

新建文件 chap2_5.htm,输入代码如下:

```html
<html>
    <head>
        <meta http-equiv="Content-Type" content="text/html; charset=utf-8" />
        <title>关系运算符</title>
    </head>
    <body>
        <script>
            var n=20,m=19;
            var a,b,c,d;
            a=n<m;
            b=((++n)==m);
            c=((n++)>m);
            d=((--m)!=n);
            document.write("n="+n+",m="+m+"<br>");
            document.write("a="+a+"<br>");
            document.write("b="+b+"<br>");
            document.write("c="+c+"<br>");
            document.write("d="+d+"<br>");
        </script>
    </body>
</html>
```

显示效果如图2-5所示。

图 2-5 关系运算符显示效果

## 2.5 流程控制

所谓流程就是指程序代码的执行顺序。而流程控制则是指通过规定的语句让程序代码有条件地按照一定的方式执行。同其他的高级程序语言一样,JavaScript提供了三种程序结构,即顺序结构、选择结构和循环结构。

顺序结构最简单,按顺序结构编写的程序其执行方法是从上到下,中间没有其他的分支线路,按代码编写的顺序,一条一条语句地顺序执行,是程序中最基本的流程结构。选择结构是根据给定的条件有选择地执行相应的语句。循环结构是在给定的条件满足的情况下,反复地执行同一段代码。

我们将详细学习选择结构和循环结构。

### 2.5.1 选择结构

在程序的执行过程中，通过逻辑判断，在多条备选执行线路中，选择出一条来执行。JavaScript 中的选择语句主要有单选、双选、多选三种。

（1）单选 if 语句。

if 语句的语法格式如下：

```
if(条件){
    条件成立时执行的代码
}
```

其中，"条件"是一个逻辑表达式，当值为真时，就执行括号中的代码。

说明："条件"可以是表达式也可以是任何的数据类型。而使用大括号是为了把它里面的代码当作一个整体来运行，如果只有一条语句则可以省略大括号。

【案例】 判断用户是否输入了用户名和密码。

页面效果如图 2-6(a) 和图 2-6(b) 所示。这段代码在用户登录或注册等界面中经常被使用，通过 JavaScript 代码的判断，可以在页面被提交给服务器前就进行最基本的身份验证，这样就节省了网络带宽和等待的时间。

图 2-6 判断用户是否输入了用户名和密码页面显示效果

新建网页文件 chap2_6.html，代码如下：

```
<html>
  <head>
    <meta http-equiv="Content-Type" content="text/html; charset=utf-8" />
    <title>判断用户是否输入了用户名和密码</title>
    <script>
    function check() {
        if(document.form1.username.value==""){
            alert("请输入用户名!");
            return false;
        }
        if(document.form1.password.value==""){
            alert("请输入密码!");
```

```
                return false;
            }
            return true;
        }
    </script></head>
    <body>
        <form id="form1" name="form1" method="post" action="">
            <p align="center">  </p>
            <p align="center">用户名:<input type="text" name="username" id="username" /></p>
            <p align="center">密  码:
            <input type="text" name="password" id="password" /></p>
            <p align="center">
                <input type="submit" name="button" id="button" value="提交" onclick="return check
                ();"/>      
                <input type="reset" name="button2" id="button2" value="重置" /></p>
        </form>
    </body>
</html>
```

本案例中的 JavaScript 代码是放在 check() 函数中的,由"提交"按钮中的 onclick(单击)事件执行,即当用户单击"提交"按钮时执行 check() 函数。

由于 check() 函数根据判断会返回不同的值(真值 true 表示继续提交,假值 false 表示停止提交),这时的 onclick 事件也会执行对应的操作,因此 onclick 事件的值要写为"return check();"。

在 check() 函数中首先判断页面中的用户名输入框中的值是否为空,即等于空,用户名输入框使用页面对象 document 下的属性值,即 document.form1.username.value,如果等于空值,则使用 alert() 函数弹出一个提示对话框,并返回 false 值。密码的判断其逻辑也是相同的。

(2) 双选 if...else 语句。

if...else 语句的语法格式如下:

```
if (条件){
    条件成立时执行此代码
}
else{
    条件不成立时执行此代码
}
```

if...else 语句要比 if 语句多出一个可选分支,在 if 语句中,如果 if 后面的判断条件为假,则直接执行 if 语句段后面的内容,而对于 if...else 语句则当 if 后面的判断条件为假时,会转而执行 else 中的语句内容。

【案例】 判断用户是否单击选中了复选框。

页面效果如图 2-7(a) 和图 2-7(b) 所示。

新建网页文件 chap2_7.html,代码如下:

图 2-7　执行 if...else 语句页面显示效果

```
<html>
  <head>
  <meta http-equiv="Content-Type" content="text/html; charset=utf-8" />
  <title>判断用户是否单击选中了复选框</title>
  <script>
  function check(){
      if(document.form1.enjoy.checked) {
          alert("你喜欢 JavaScript! :)");
      }
      else {
          alert("你不喜欢 JavaScript! :(");
      }
  }
  </script></head>
  <body>
  <form id="form1" name="form1" method="post" action="">
    <p>你喜欢学习 JavaScript 吗?<input type="checkbox" name="enjoy" id="enjoy" /></p>
    <p><input type="button" name="button" id="button" value="提交" onclick="check()"/>
    </p>
  </form></body>
</html>
```

本代码也是使用 onclick 事件驱动执行 check() 函数中的 JavaScript 代码。

代码中使用了 if...else 语句,在 if 语句后面判断复选框是否被选中,即通过判断 document 对象下的 form1 表单中的 enjoy 复选框的 checked 属性(document.form1.enjoy.checked)的值是否为真,来确定用户是否选中了这个复选框。如果条件为真,则执行 if 后花括号中的语句,如果条件为假,则执行 else 后花括号中的语句。

(3) 多选 if...else if...else 语句。

if...else if...else 语句的语法格式如下:

```
if (条件 1){
    条件 1 成立时执行此代码
}
else if (条件 2){
    条件 2 成立时执行此代码
}
```

```
...
else{
    条件1、条件2和其他条件均不成立时执行此代码
}
```

if...else if...else 语句比 if 和 if...else 语句要多出几个条件判断，同时也多出了几个备选执行线路，因此本语句也可以称为多分支条件语句。

在多个条件中，当第一个条件不满足时，会判断第二个条件，如果第二个条件也不满足，则会顺序判断下一个，直到全部的条件都判断完为止，如果没有一个条件的结果为真，则执行最后一个 else 后花括号中的语句。

【案例】 多分支语句用于判断用户选中了哪个单选按钮。

页面效果如图 2-8 所示。

图 2-8　if...else if...else 语句的执行效果图

新建网页文件 chap2_8.html，代码如下：

```
<html>
 <head>
 <meta http-equiv="Content-Type" content="text/html; charset=utf-8" />
 <title>多分支语句判断</title>
 <script>
 function check(){
     if(document.form1.g1.checked){
         alert("你是大一年级的同学");
     }
     else if(document.form1.g2.checked){
         alert("你是大二年级的同学");
     }
     else if(document.form1.g3.checked){
         alert("你是大三年级的同学");
     }
     else if(document.form1.g4.checked){
         alert("你是大四年级的同学");
```

```
            }
            else{
                alert("请选择");
            }
        }
    </script></head>
    <body>
    <form id="form1" name="form1" method="post" action="">
        <p>请选择你所在的年级:</p>
        <p><input type="radio" name="radio" id="g1" value="radio" />大学一年级</p>
        <p><input type="radio" name="radio" id="g2" value="radio" />大学二年级</p>
        <p><input type="radio" name="radio" id="g3" value="radio" />大学三年级</p>
        <p><input type="radio" name="radio" id="g4" value="radio" />大学四年级</p>
        <p><input type="button" name="button" id="button" value="提交" onclick="check()"/>
        </p>
    </form></body></html>
```

使用 if...else if...else 语句可以进行多个条件的判断，首先判断用户是否选中了第一个单选按钮(document.form1.g1.checked)，如果结果为假，则继续判断每一个单选按钮是否被选中，如果用户没有选择任何一个单选按钮，则会执行最后一个 else 后的语句。

(4) 多选 switch...case 语句。

除了 if...else if...else 语句是多分支条件语句外，switch...case 语句的主要功能也是进行多个条件的判断，其语法格式为：

```
switch(n){
    case c1:
        执行代码块 1
        break
    case c2:
        执行代码块 2
        break
        ...
    default:
        如果 n 既不是 1 也不是 2,则执行此代码
}
```

switch 后面的值(即 n)可以是表达式，也可以是变量。将表达式中的值与 case 后的常量值进行比较，如果与某个 case 相匹配，那么其后的代码就会被执行。break 的作用是防止自动执行到下一行代码。

【案例】 根据用户输入的值设置页面背景颜色。

本案例利用 switch 语句判断用户输入了什么值，然后根据对应的值，执行相应 case 语句后的代码。在 switch 语句中，每一个 case 中的代码执行完成后，要执行一条 break 语句，表示此 case 语句执行完成。如果所有的 case 后的值都不匹配，则要执行 default 下的语句。

页面的执行效果如图 2-9 所示。

新建网页文件 chap2_9.html,代码如下：

图 2-9 switch 语句执行效果图

```
<html><head>
<meta http-equiv = "Content-Type" content = "text/html; charset = utf-8" />
<title>设置页面背景颜色</title>
<script>
function modifybgcolor(){
    switch(document.form1.color.value){
        case "red":
            document.bgColor = "red";
            break;
        case "green":
            document.bgColor = "green";
            break;
        case "blue":
            document.bgColor = "blue";
            break;
        case "yellow":
            document.bgColor = "yellow";
            break;
        case "white":
            document.bgColor = "white";
            break;
        default:
            alert("输入的颜色名称不支持!");
            break;
    }
}
</script></head><body>
<form id = "form1" name = "form1" method = "post" action = "">
<p>请输入一个颜色名称(只能输入 red、green、blue、yellow、white):</p>
  <p><input type = "text" name = "color" id = "color" /></p>
  <p><input type = "button" name = "button" id = "button" value = "修改颜色" onClick = "modifybgcolor()"/></p>
</form></body></html>
```

本代码中使用 switch 语句判断用户输入了什么值,然后根据对应的值,执行相应 case

语句,比如用户输入了 red,则 document.form1.color.value 的值即为 red,并逐个与 case 后的内容进行比较直到相匹配为止,然后执行把背景设置为红色的语句。

### 2.5.2 循环结构

利用循环结构语句可以指定代码块执行的次数。当重复执行同一段代码或是进行遍历数组等操作时就要用到循环语句。循环语句也是程序中最常用的结构之一。

JavaScript 支持不同类型的循环。

(1) for 循环。

for 循环的语法结构如下:

```
for(变量=开始值;变量<=结束值;变量=变量+步进值){
    需执行的代码
}
```

for 后面的括号中包括三个部分,每个部分都使用分号分隔,这三个部分都与循环变量有关,它是控制循环次数的一个重要部分。

① 第一部分:变量=开始值,是对循环变量进行初始化设置。

② 第二部分:变量<=结束值,是循环语句继续执行的条件,一般是让循环变量小于或等于某一个值。

③ 第三部分:变量=变量+步进值,是增加循环变量的值。

需要注意,在 for 循环中循环变量一般是数字类型的。循环变量的初始值必须被设置,如果不设置在 for 的括号里面,也可以设置在 for 语句的前面。循环变量的增量一般是正值(通常是1),这时要求变量的初始值必须要小于结束值;如果变量的增量是负值,则要求开始值要大于结束值,否则就会出现死循环。

图 2-10 显示 1 个 5 行 10 列的表格页面效果图

【案例】 显示 1 个 5 行 10 列的表格。

利用循环语句和求余运算在页面上输出一个 5×10 绿蓝相间的表格,页面的执行效果如图 2-10 所示。

新建网页文件 chap2_table.html,代码如下:

```
<html><head>
    <meta http-equiv="Content-Type" content="text/html; charset=utf-8" />
    <title>显示 1 个 5 行 10 列的表格</title>
</head>
<body>
<p>
<script>
    document.write("<table border='1px' width='250px'>");
    for(var i=0;i<5;i++){
        var bg;
```

```
            if(i % 2 == 0) {
                bg = "greenyellow";
            }
            else {
                bg = "bluegrey";
            }
            document.write("< tr bgcolor = " + bg + ">");
            for(var j = 1;j <= 10;j++){
                document.write("< td >" + j + "</td>")
            }
            document.write("</tr>");
        }
        document.write("</table>");
    </script>
</body></html>
```

(2) for...in 循环。

for...in 循环的语法结构如下：

```
for(变量 in 对象或数组){
    需执行的代码
}
```

for...in 循环是 for 循环的一种变形，其主要用于遍历数组或者对象的属性，即对数组或者对象的属性进行循环操作。

【案例】 循环遍历数据。

本案例中，定义了数组对象，使用 for...in 循环遍历数组并显示出来，执行效果如图 2-11 所示。

```
red
green
blue
yellow
black
white
pink
以上是使用for...in循列出的颜色值：
```

图 2-11　for...in 循环效果图

新建网页文件 chap2_10.html，代码如下：

```
< html >< head >
< meta http - equiv = "Content - Type" content = "text/html; charset = utf - 8" />
< title >循环遍历数据</title >
< script >
    var x
    var colorArray = new Array()
    colorArray[0] = "red"
```

```
        colorArray[1] = "green"
        colorArray[2] = "blue"
        colorArray[3] = "yellow"
        colorArray[4] = "black"
        colorArray[5] = "white"
        colorArray[6] = "pink"
        for(x in colorArray){
            document.write(colorArray[x] + "<br>")
        }
</script></head>
<body>
    <p>以上是使用for...in循环列出的颜色值:
</body></html>
```

(3) while 循环。

while 循环的语法如下：

```
while(判断条件){
    需执行的代码
}
```

while 循环和 for 循环相似，都可以用于重复执行一段代码，但 while 循环后的花括号中只有一个继续执行循环条件的判断，因此 while 循环不但可以进行数字表达式的判断，也可以进行其他类型表达式的判断。

【案例】 循环显示数组中的值。

在本段代码的前面先是定义了变量 x 和一个数组，并对数组进行了赋值，然后对遍历数组用的变量 x 进行了初始化，在 while 循环中依次检查每一个数组的值，直到值是 black 为止循环才结束，在循环中进行了内容的显示，同时对变量 x 进行了增量操作，这里需要注意，如果在循环中没有对 x 进行增量运算，则循环将变成死循环。这段代码的执行效果如图 2-12 所示。

```
red
green
blue
yellow
以上是使用while循环列出的颜色值，直到颜色值是"black"时结束:
```

图 2-12　while 循环效果图

新建网页文件 chap2_11.html，代码如下：

```
<html><head>
<meta http-equiv="Content-Type" content="text/html; charset=utf-8" />
<title>循环显示数组中的值</title>
<script>
    var x
    var colorArray = new Array()
    colorArray[0] = "red"
```

```
    colorArray[1] = "green"
    colorArray[2] = "blue"
    colorArray[3] = "yellow"
    colorArray[4] = "black"
    colorArray[5] = "white"
    colorArray[6] = "pink"
    x = 0
    while(colorArray[x] != "black"){
        document.write(colorArray[x] + "<br>")
        x++
    }
</script></head>
<body>
    <p>以上是使用while循环列出的颜色值,直到颜色值是"black"时结束:
</body></html>
```

【案例】 输出九九乘法表。

while语句根据条件的真假来进行循环,当真的时候循环,假的时候退出循环。本案例执行效果如图2-13所示。

图2-13 九九乘法表

新建网页文件chap2_9×9.html,代码如下:

```
<html><head>
    <meta http-equiv="Content-Type" content="text/html; charset=utf-8" />
    <title>九九乘法表</title>
</head>
<body>
    <p>九九乘法表
    <p>
    <script>
    var a = 1;
        while (a <= 9){
            var b = 1;
            while(b <= a){
                document.write(b + "x" + a + "=" + b * a + "  ");
```

```
                    b++;
                }
                document.write("< br/>");
                a++;
            }
    </script>
</body>
</html>
```

## 2.6 函　　数

函数是由事件驱动的或被调用时执行的可重复使用的代码块。函数为用户提供了一个非常方便的功能。通常在进行一个复杂的程序设计时，应根据所要完成的功能，将程序划分为一些相对独立的模块，可针对每个模块编写一个函数。从而，通过编写函数程序各部分充分独立，任务单一，程序清晰，且代码易懂、易读、易维护。

### 2.6.1 函数的定义和调用

**1. JavaScript 函数的定义**

函数就是包裹在花括号中的代码块，且在定义时在其前面使用了关键词 function。

```
function 函数名([参数],[参数])
{
    执行代码;
}
```

**说明**：JavaScript 对大小写敏感。关键词 function 必须是小写的，并且必须以与函数名称相同的大小写来调用函数参数表。当调用该函数时，会执行函数内的代码。

括号中的参数，可以有也可以没有，一般根据要实现的功能设置参数的个数。

**2. 调用不带参数的函数**

用户可以在某事件发生时直接调用函数（比如当用户单击按钮时），并且可由 JavaScript 在任何位置进行调用。

【案例】 调用不带参数的函数。

调用不带参数的函数的显示效果如图 2-14 所示。

图 2-14　调用不带参数的函数

新建网页文件 chap2_12.html,代码如下:

```html
<html><head>
  <meta http-equiv="Content-Type" content="text/html; charset=utf-8" />
  <title>单击调用JS函数</title>
<head>
  <script>
    function firstFunction()
    {
        alert("Hello World!");
    }
  </script>
</head>
<body>
  <button onclick="firstFunction()">单击调用JS函数</button>
</body>
</html>
```

### 3. 调用带参数的函数

在调用函数时,可以向其传递值,这些值被称为参数。这些参数可以在函数中使用。可以发送任意多的参数,由逗号分隔。变量和参数必须以一致的顺序出现,第一个变量就是第一个被传递的参数的给定的值,以此类推。

【案例】 调用带参数的函数。

调用带参数的函数的显示效果如图2-15所示。

图2-15 调用带参数的函数

新建网页文件 chap2_13.html,代码如下:

```html
<html>
  <head>
    <meta charset="utf-8">
    <title>调用带参数的函数</title>
    <script>
      function userinfo(name,age){
          alert("姓名:" + name + ", 年龄 " + age);
      }
    </script>
```

```
</head>
<body>
  <p>单击这个按钮,来调用带参数的函数。</p>
  <button onclick="userinfo('张三',24)">调用 JS 带参数的函数</button>
</body>
</html>
```

## 2.6.2 带有返回值的函数

### 1. 带有返回值的 JavaScript 函数

我们有时会希望函数将值返回调用它的地方,这可以使用 return 语句来实现。在使用 return 语句时,函数会停止执行,并返回指定的值。

```
function 函数名([参数],[参数])
{
  执行代码
  return 表达式;
}
```

### 2. 调用有返回值的函数

调用函数时整个 JavaScript 并不会停止执行,调用后将被返回值取代。从调用处继续执行程序。

【案例】 计算两个数字的和,并返回结果。

显示效果如图 2-16 所示。

图 2-16 显示效果

新建网页文件 chap2_14.html,代码如下:

```
<html>
  <head>
  <meta charset="utf-8">
  <script>
    function addab(num1,num2)
    {sum = num1 + num2;
     return sum;
```

```
        }
    </script>
</head>
<body>
    <p>本例调用的函数会执行一个计算,然后返回结果:</p>
    42 + 33 = <input name = "demo" type = "text" id = "demo" size = "8">
    <script>
        document.getElementById("demo").value = addab(42,33);
    </script>
</body>
</html>
```

### 2.6.3 变量的作用域

**1. 局部 JavaScript 变量**

在 JavaScript 函数内部声明的变量(使用 var 关键字)是局部变量,所以只能在函数内部访问它,该变量的作用域是局部的。用户可以在不同的函数中使用名称相同的局部变量,因为只有声明过该变量的函数才能识别出该变量,只要函数运行完毕,该变量就会被删除。

**2. 全局 JavaScript 变量**

在函数外声明的变量是全局变量,网页上的所有脚本和函数都能访问它。如果把值赋给尚未声明的变量,该变量将被自动作为全局变量声明。

**3. JavaScript 变量的生命周期**

JavaScript 变量的生命周期从它们被声明的时间开始,局部变量会在函数运行以后被删除,而全局变量会在页面关闭后被删除。

## 课 后 练 习

(1) 编写程序,实现单击按钮改变文字颜色功能。

(2) 编写程序,实现两个数的加、减、乘、除四则运算。

(3) 编写程序,实现对用户名和密码的判断,正确的用户名为 admin,密码为 123456。如果输入正确则显示"验证通过",如果输入错误则显示"验证失败"。

# 第 3 章 应 用 CSS

**学习目标**
掌握 CSS 的基本语法定义规则；
掌握 CSS 的使用方法；
掌握 CSS 设置网页中各种元素样式的设置方法。

## 3.1 CSS 概述

CSS(cascading style sheet)简称样式表,是一种描述 HTML 文档样式的语言,通过 CSS 设置实现按要求显示 HTML 元素,即指用于控制网页样式的标记语言。

本质上讲 CSS 是一组格式设置规则,用于控制页面元素的外观。这就实现了将页面内容存放在 HTML 文件中,而用于定义形式的 CSS 规则存放在另一文件中,或存放在 HTML 文件的另一部分(通常为网页的首部),从而实现了内容与表示形式的分离。

利用 CSS 不仅可以静态地修饰网页,还可以配合各种脚本语言动态地对网页各元素进行格式化。使用 CSS 能够对网页中元素位置的排版进行像素级精确控制,支持几乎所有的字体字号样式,拥有对网页对象和模型样式编辑的能力。

### 3.1.1 CSS 的优势

使用 CSS 的优势,主要体现在以下几个方面。

(1) 内容和样式的分离。CSS 可以将样式定义在 HTML 元素的 style 属性中,也可以将其定义在 HTML 文档的 header 部分,也可以将样式声明在一个专门的 CSS 文件中,以供 HTML 页面引用。同时可以将相同样式的元素进行归类,使用同一个样式进行定义,也可以将某个样式应用到所有同名的 HTML 标签中,也可以将一个 CSS 样式指定到某个页面元素中。如果要修改样式,只需要在样式列表中找到相应的样式声明进行修改即可。

(2) 弥补了 HTML 对标记属性控制的不足。CSS 提供了丰富的文档样式外观,以及设置文本和背景属性的能力,精确控制网页布局,如行间距、字间距、段落缩进和图片定位等属性。允许为任何元素创建边框,以及设置元素边框与其他元素间的距离,以及元素边框与元素内容间的距离,允许随意改变文本的大小写方式、修饰方式及其他页面效果。在 HTML 中可控制的标题仅有 6 级,即 h1～h6,而利用 CSS 可以任意设置标题大小。

(3) 提高网页效率,增强易用性和可扩展性。CSS 样式表可以单独存放在一个 CSS 文件中,这样就可以在多个页面中使用同一个 CSS 样式表。CSS 样式表理论上不属于任何页面文件,在任何页面文件中都可以将其引用。这样就可以实现多个页面风格的统一。多个网页同时应用一个CSS样式,既减少了代码的下载,又提高了浏览器的浏览速度和网页的更新速度,并能提高网页的编辑维护效率。同时,在一个网页上可以通过调用不同的样式表来切换不同的网页外观。

(4) 增强网页特效,提高用户体验。CSS还有好多特殊功能,如通过鼠标指针属性控制鼠标的形状和滤镜属性控制图片的特效等。

## 3.1.2 CSS 语法基础

### 1. 属性和属性值

属性的名字是一个合法的标识符,它们是CSS语法中的关键字。一种属性规定了格式修饰的一个方面。例如,color是文本的颜色属性,而size属性则规定了字体的大小。

属性值包括如下组成部分。

(1) 整数和实数:和普通意义上的整数和实数没有多大区别。在CSS中只能使用浮点小数,而不能像其他编程语言那样使用科学计数法表示实数,即1.2E3在CSS中是不合法的。例如,整数128、-313,实数12.20、1415、-12.03。

(2) 长度量:一个长度量由整数或实数加上相应的长度单位组成。长度量常用来对元素定位。而定位又分为绝对定位和相对定位,因而长度单位也分为相对长度单位和绝对长度单位。

相对长度单位有em——当前字体的高度,也就是font.size属性的值;ex——当前字体中小写字母x的高度;Dx——一个像素的长度,其实际长度由显示器的设置决定。

(3) 百分数:百分数就是数字加上百分号。显然,百分数总是相对的,所以和相对长度量一样,百分数不被子级元素继承。

### 2. 选择器

(1) 类型选择器。CSS中的一种选择器是元素类型的名称。使用这种选择器(称为类型选择器),可以向这种元素类型的每个实例上应用声明。

(2) 简单属性选择器。

① CLASS 属性:利用CLASS属性允许向一组在CLASS属性上具有相同值的元素应用声明。BODY内的所有元素都有CLASS属性。从本质上讲,可以使用CLASS属性来分类元素,在样式表中创建规则来引用CLASS属性的值,然后浏览器自动将这些属性应用到该组元素。

类选择器以标识符(句点)开头,用于指示后面是哪种类型的选择器。对于类选择器,之所以选择句点是因为在很多编程语言中它与术语"类"相关联。标识符表示"带有类名的元素"。

② ID 属性:ID属性的操作类似于CLASS属性,但有一点重要的不同之处,即ID属性的值在整篇文档中必须是唯一的,这使得ID属性可用于设置单个元素的样式规则。包含ID属性的选择器称为ID选择器。

需要注意的是,ID选择器的标识符是散列符号(#)。该标识符用来提醒浏览器接下来出现的是 ID 值。

③ STYLE 属性：尽管在选择器中可以使用 CLASS 和 ID 属性值，STYLE 属性实际上可以替代整个选择器机制。不是只具有一个能够在选择器中引用的值（这正是 ID 和 CLASS 具有的值），STYLE 属性的值实际上是一个或多个 CSS 声明。

通常情况下，使用 CSS，设计者将把所有的样式规则置于一个样式表中，该样式表位于文档顶部的 STYLE 元素内（或在外部进行链接）。但是，使用 STYLE 属性能够绕过样式表将声明直接放置到文档的开始标记中。

（3）组合选择器类型。可以将类型选择器、ID 选择器和类选择器组合成不同的选择器类型来构成更复杂的选择器。通过组合选择器，可以更加精确地处理希望赋予某种表示的元素。例如，要组合类型选择器和类选择器，一个元素必须满足两个要求，即它必须是正确的类型和正确的类以便使样式规则可以作用于它。

### 3.1.3  如何编辑 CSS

CSS 文件与 HTML 文件一样，都是纯文本文件，因此一般的文字处理软件都可以对 CSS 进行编辑。记事本和 Ultraedit 等最常用的文本编辑工具对 CSS 的初学者尤其有帮助。在网上也能找到很多 CSS 的编辑器或在线编辑器，在这里我们使用 Dreamweaver 的纯代码模式。

Dreamweaver 这款专业的网页设计软件在代码模式下对 HTML、CSS 和 JavaScript 等代码有着非常好的语法着色及语法提示功能，并且自带很多实例，对 CSS 的学习很有帮助。图 3-1 所示的就是 Dreamweaver 的代码模式。

图 3-1  Dreamweaver 的代码模式

可以看到，对于 CSS 代码，在默认情况下都采用粉红色进行语法着色，而 HTML 代码中的标记则是蓝色，正文内容在默认情况下为黑色。而且对于每行代码，前面都有行号进行标记，方便对代码的整体规划。

在 Dreamweaver 中,无论是 CSS 代码还是 HTML 代码,都有很好的语法提示。在编写具体 CSS 代码时,按 Enter 键或空格键都可以触发语法提示。

【案例】 第一个 CSS 设置。

(1) 打开案例文件 chap3_1.html,代码如下:

```
<html>
  <head>
    <title>class 选择器与标记选择器</title>
    <style type="text/css">
    <!--
    p{                    /* 标记选择器 */
      color:blue;
      font-size:18px;
    }

    -->
    </style>
  </head>

  <body>
    <p>class 选择器与标记选择器 1</p>
    <p>class 选择器与标记选择器 2</p>
    <p>class 选择器与标记选择器 3</p>
    <p>class 选择器与标记选择器 4</p>
    <p>class 选择器与标记选择器 5</p>
  </body>
</html>
```

(2) 当光标移动到"color:red;"一句的末尾时,按空格键或 Enter 键,可以触发语法提示的功能。如图 3-2 所示,Dreamweaver 会列出所有可以供选择的 CSS 样式,方便设计者快速进行选择,从而提高工作效率。

(3) 当已经选定某个 CSS 样式,例如 color 样式,在其冒号后面再按空格键时,Dreamweaver 会弹出新的详细提示框,让用户对相应 CSS 的值进行直接选择,如图 3-3 所示的调色板就是其中的一种情况。

图 3-2 Dreamweaver 的语法提示

图 3-3 调色板

## 3.2 CSS 选择器

样式表中的内容可使得页面的外观发生明显的变化,也就是 CSS 的描述部分或者定义部分。通常情况下,CSS 的描述部分是由 CSS 的选择器来承担的。

### 3.2.1 CSS 基本语法

基本语法如下:

```
selector {property: value; property: value; …;property: value; }
```

其中,selector 代表选择器;property 代表属性;value 代表属性值。

对于每一组属性和值称为一个声明。属性和值要用冒号隔开,而每一个声明要用分号结束。如果属性值由多个单词组成,并且单词间有空格,那么必须给值加上引号。

CSS 选择器就是 CSS 样式的名字。选择器的命名规则可以使用英文字母的大写与小写、数字、连字号、下划线、冒号、句号,CSS 选择器只能以字母开头,选择器在 CSS 中可分成多种,主要包括标记选择器、类选择器、ID 选择器、通配符选择器、伪类选择器、派生选择器、群选择器。

### 3.2.2 标记选择器

标记选择器是现有的 HTML 标记(或称标签)。用 CSS 控制这些标记,会改变标记的默认样式,语法格式如下:

```
标记名称 { 属性: 属性值; 属性: 属性值; …}
```

【案例】 定义和使用标记选择器。
页面效果如图 3-4 所示。

图 3-4 标记选择器

新建网页文件 chap3_2.html,代码如下:

```
<!DOCTYPE html PUBLIC "-//W3C//DTD XHTML 1.0 Transitional//EN"
    "http://www.w3.org/TR/xhtml1/DTD/xhtml1-transitional.dtd">
<html>
    <head>
        <title>class选择器与标记选择器</title>
        <style type="text/css">
        p{
            color:blue;
            font-size:18px; }
        </style>
    </head>

    <body>
        <p>class选择器与标记选择器1</p>
        <p>class选择器与标记选择器2</p>
        <p>class选择器与标记选择器3</p>
        <p>class选择器与标记选择器4</p>
        <p>class选择器与标记选择器5</p>
    </body>
</html>
```

## 3.2.3 类选择器

当我们需要对一个网页中的部分相同标签进行一样的样式设置时,则需要给这些标签起一个新的别名,并对这些具有新别名的标签进行样式设置,以满足设计需求,这种样式的选择器被称作类选择器。用类选择器可以把相同的元素分类定义成不同的样式。其语法格式如下:

```
.新别名 { 属性:值; 属性:值; ... }
```

进行类选择器类型定义时分为两步:第一步为标签定义新别名;第二步在网页中对应的标签上使用类选择器<标签 class="新别名">。类选择器与ID选择器名称应该由字母开始,随后使用任意字母、数字、连接线和下划线等。常用的网页元素名称大多是根据网页元素的位置和作用命名的,常用命名方法如 news_title、NewsTitle 等。

【案例】 定义和使用类选择器。

页面效果如图 3-5 所示。

新建网页文件 chap3_3.html,代码如下:

```
<!DOCTYPE html PUBLIC "-//W3C//DTD XHTML 1.0 Transitional//EN"
    "http://www.w3.org/TR/xhtml1/DTD/xhtml1-transitional.dtd">
<html>
    <head>
        <title>class选择器</title>
        <style type="text/css">
        .one{    color:red;
```

```
                font-size:18px;     }
        .two{   color:green;
                font-size:20px;     }
        .three{ color:cyan;
                font-size:22px;     }
        </style>
    </head>
    <body>
        <p class="one">class 选择器 1</p>
        <p class="two">class 选择器 2</p>
        <p class="three">class 选择器 3</p>
        <h3 class="two">h3 同样适用</h3>
    </body>
</html>
```

图 3-5　类选择器示例

### 3.2.4　ID 选择器

　　在 HTML 文档中,当需要唯一标识一个元素时,就会赋予它一个 ID 标识,以便在对整个文档进行处理时能够很快地找到这个元素。而 ID 选择器就是用来对这个单一元素定义单独的样式。其定义方法如下:

```
#新别名 { 属性:值; 属性:值; ... }
```

【案例】　定义和使用 ID 选择器,页面效果如图 3-6 所示。

图 3-6　ID 选择器示例

新建网页文件 chap3_4.html，代码如下：

```
<!DOCTYPE html PUBLIC "-//W3C//DTD XHTML 1.0 Transitional//EN"
    "http://www.w3.org/TR/xhtml1/DTD/xhtml1-transitional.dtd">
<html>
  <head>
    <title>ID 选择器</title>
      <style type="text/css">
      #one{  font-weight:bold;    /* 粗体 */           }
      #two{  font-size:30px;      /* 字体大小 */
             color:#009900;       /* 颜色 */           }
      </style>
  </head>
  <body>
      <p id="one">ID 选择器 1</p>
      <p id="two">ID 选择器 2</p>
  </body>
</html>
```

ID 选择器不能用于多个标记，因为每个标记定义的 ID 不只是 CSS 可以调用，JavaScript 等其他脚本语言同样也可以调用，如果一个 HTML 中有两个相同 ID 的标记，那么将会导致 JavaScript 在查找 ID 时出错。在编写 CSS 代码时，应该养成良好的编写习惯，一个 ID 最多只能赋予一个 HTML 标记。

通过上述三个例子，我们可以看出不同的选择器样式适用范围是不一样的。当需要定义唯一的样式或者用来布局时，则选用 ID 选择器样式，需要改变某一 HTML 标签的部分样式时用类选择器样式，而当需要改变某一 HTML 标签的全部样式时则用类型选择器样式。

同时，在应用选择器的过程中，可能会遇到同一个元素由不同选择器定义的情况，这时候就要考虑到选择器的优先级。通常我们使用的选择器包括 ID 选择器、类选择器、派生选择器和类型选择器等。因为 ID 选择器是最后被加到元素上的，所以优先级最高，其次是类选择器，再后才是标记选择器。

### 3.2.5 其他选择器

**1. 派生选择器**

当仅仅想对某一元素中的子元素进行样式指定时，派生选择器就被派上了用场，派生选择器指选择器中前一个元素包含后一个元素，元素之间使用空格作为分隔符。语法格式如下：

```
选择器 选择器{ 属性:属性值;属性:属性值;...}
```

其中，选择器可以是标记名称、类选择器、ID 选择器。

【案例】 定义和使用派生选择器，如图 3-7 所示。
新建网页文件 chap3_5.html，代码如下：

图 3-7 派生选择器示例

```
<!DOCTYPE html PUBLIC " - //W3C//DTD XHTML 1.0 Transitional//EN"
    "http://www.w3.org/TR/xhtml1/DTD/xhtml1 - transitional.dtd">
<html>
    <head>
    <title>CSS 选择器的嵌套声明</title>
        <style type = "text/css">
        p b{
        font - size:18px;
            color: #CC0000;
            text - decoration:underline;    }
        </style>
    </head>
    <body>
        <p>嵌套使<b>用 CSS </b>标记的方法</p>
        嵌套之外的<b>标记</b>不生效
    </body>
</html>
```

**2. 伪类**

伪类不属于选择器,它是让页面呈现丰富表现力的特殊属性。之所以称为"伪",是因为它指定的对象在文档中并不存在,它们指定的是元素的某种状态。

应用最为广泛的伪类是链接的 4 个状态。

(1) 未访问链接状态(a:link)。

(2) 已访问链接状态(a:visited)。

(3) 鼠标指针悬停在链接上的状态(a:hover)。

(4) 被激活(在鼠标单击与释放之间发生的事件)的链接状态(a:active)。

【案例】 为网页文字中的链接制作相应的样式,如图 3-8 所示。

图 3-8 伪类示例

新建网页文件 chap3_6.html,代码如下:

```
<!DOCTYPE html PUBLIC "-//W3C//DTD XHTML 1.0 Transitional//EN"
  "http://www.w3.org/TR/xhtml1/DTD/xhtml1-transitional.dtd">
<html>
  <head>
    <title>动态超链接</title>
    <style>
    <!--
    body{
        cursor:pointer;}
    .chara1{
        font-size:12px;
        background-color:#90bcff;}
    .chara1 td{
        text-align:center;}
    a:link{
        color:#005799;
        text-decoration:none;}
    a:visited{
        color:#000000;
        text-decoration:none;}
    a:hover{
        color:#FFFF00;/
        text-decoration:underline;}
    -->
    </style>
  </head>
  <body>
    <table align="center" cellpadding="1" cellspacing="0">
      <tr><td><img src="90.jpg" border="0"></td></tr>
    </table>
    <table width="600px" cellpadding="2" cellspacing="2" class="chara1" align=
    "center">
      <tr>
        <td><a href="#">首页</a></td>
        <td><a href="#">心情日记</a></td>
        <td><a href="#">Free</a></td>
        <td><a href="#">一起走到</a></td>
        <td><a href="#">从明天起</a></td>
        <td><a href="#">纸飞机</a></td>
        <td><a href="#">下一站</a></td>
      </tr>
    </table>
  </body>
</html>
```

另外，还有一些伪类在网页元素样式的控制上起到了很好的作用，详细请参考 W3CHTML 网站（http://www.w3chtml.com/css3/selectors/pseudo-classes/）。

### 3. 群选择器

如果需要给多个元素使用相同的设定时，可以使用群选择器，将选择器写在一起，用逗号将选择器分开，来避免重复定义样式。语法定义如下：

选择器,选择器...{ 属性:属性值;属性:属性值;属性:属性值;...}

【案例】 群选择器的定义和使用如图 3-9 所示。

```
群选择符h1
群选择符h2
群选择符h3
群选择符h4
群选择符h5
群选择符p1
群选择符p2
群选择符p3
```

图 3-9 群选择器示例

新建网页文件 chap3_7.html,代码如下:

```
<!DOCTYPE html PUBLIC "-//W3C//DTD XHTML 1.0 Transitional//EN"
  "http://www.w3.org/TR/xhtml1/DTD/xhtml1-transitional.dtd">
<html>
  <head>
    <title>集体声明</title>
    <style type="text/css">
    h1, h2, h3, h4, h5, p{          /* 集体声明 */
        color:purple;                /* 文字颜色 */
        font-size:15px;              /* 字体大小 */      }
    h2.special, .special, #one{     /* 集体声明 */
        text-decoration:underline;   /* 下划线 */        }
    </style>
  </head>

  <body>
    <h1>群选择器 h1 </h1>
    <h2 class="special">群选择器 h2 </h2>
    <h3>群选择器 h3 </h3>
    <h4>群选择器 h4 </h4>
    <h5>群选择器 h5 </h5>
    <p>群选择器 p1 </p>
    <p class="special">群选择器 p2 </p>
    <p id="one">群选择器 p3 </p>
  </body>
</html>
```

**4. 通配符选择器**

通配符 * 在很多场合被用作代表所有的内容,在 CSS 中也不例外。当需要对网页中所有元素进行统一设置时,我们通常采用通配符的方式。

由于不同浏览器对于同样的页面元素有不同的默认样式,所以通常可以使用通配符(\*)先将所有可能影响布局的默认样式统一一下。而星号(\*)匹配所有元素,省去了一个一个去写元素名称的麻烦。其语法格式如下:

> \*{属性:属性值;属性:属性值;属性:属性值;…}

【案例】 通配符选择器的定义和使用如图 3-9 所示。

浏览效果与图 3-9 完全相同,但代码却大幅缩减了,这种全局声明的方法在一些小页面中特别实用。

新建网页文件 chap3_8.html,代码如下:

```
<!DOCTYPE html PUBLIC "-//W3C//DTD XHTML 1.0 Transitional//EN"
"http://www.w3.org/TR/xhtml1/DTD/xhtml1-transitional.dtd">
<html>
  <head>
    <title>全局声明</title>
    <style type="text/css">
     *{
        color: purple;
        font-size:15px;   }
     h2.special, .special, #one{
        text-decoration:underline;    }
    </style>
  </head>
  <body>
    <h1>群选择器 h1 </h1>
    <h2 class="special">群选择器 h2 </h2>
    <h3>群选择器 h3 </h3>
    <h4>群选择器 h4 </h4>
    <h5>群选择器 h5 </h5>
    <p>通配符选择器 p1 </p>
    <p class="special">群选择器 p2 </p>
    <p id="one">群选择器 p3 </p>
  </body>
</html>
```

## 3.3 CSS 的使用方法

样式表中的样式是针对网页元素而使用的,只有将样式应用在相应的网页元素上,并通过浏览器显示出来,才能让用户看到效果。有三种方法可以在站点网页上使用 CSS 样式。

(1) 行内样式。将样式直接写在各个网页元素的标签中,这种样式只对样式所在的元素起作用。

(2) 内嵌式。在网页<head>标签中创建嵌入的样式表,这种样式只针对样式表所在网页上的元素起作用。

（3）外部样式。将样式写在单独的一个文件中，保存为 CSS 文件，通过链接或导入的方式将外部样式表应用到网页上，这种方式可以使一个样式表作用在不同的网页上。

### 3.3.1 行内样式

行内样式是所有样式方法中最为直接的一种，它直接对 HTML 的标记使用 style 属性，然后将 CSS 代码直接写在其中。

行内样式基本语法如下：

```
<head>
...
</head>
<body>
...
<HTML 标记 style = "样式属性:取值;样式属性:取值;…">
...
</body>
```

利用这种方法定义的样式，其效果只能控制某个标记，所以比较适用于指定网页中某小段文字的显示风格，或某个元素的样式。

【案例】 行内样式示例如图 3-10 所示。

图 3-10　行内样式示例

新建网页文件 chap3_9.html，代码如下：

```
<!DOCTYPE html PUBLIC "-//W3C//DTD XHTML 1.0 Transitional//EN"
  "http://www.w3.org/TR/xhtml1/DTD/xhtml1-transitional.dtd">
<html>
  <head>
    <title>行内样式</title>
  </head>
  <body>
    <p style = "color:#FF0000; font-size:20px; text-decoration:underline;">正文内容 1 </p>
    <p style = "color:#000000; font-style:italic;">正文内容 2 </p>
    <p style = "color:#FF00FF; font-size:25px; font-weight:bold;">正文内容 3 </p>
  </body>
</html>
```

行内样式是最为简单的 CSS 使用方法，但由于需要为每一个标记设置 style 属性，因此后期维护成本很高，而且容易造成页面代码冗余，无法发挥样式表的优势，因此不推荐使用。

### 3.3.2 内嵌式

内嵌式就是将 CSS 样式代码写在＜head＞与＜/head＞之间，并且用＜style＞和＜/style＞标记进行声明。

内嵌式基本语法如下：

```
< head >
  < style type = "text/css" >
  <!--
  选择器{样式属性:取值;样式属性:取值;...}
  选择器{样式属性:取值;样式属性:取值;...}
  ...
  -- >
</head >
```

内嵌式就是将所有的样式表信息都列于 HTML 文件的头部，因此这些样式可以在整个 HTML 文件中调用。如果想对网页一次性加入样式表，即可选用该方法。

【案例】 内嵌式示例如图 3-11 所示。

图 3-11 内嵌式示例

新建网页文件 chap3_10.html，代码如下：

```
<!DOCTYPE html PUBLIC " - //W3C//DTD XHTML 1.0 Transitional//EN"
"http://www.w3.org/TR/xhtml1/DTD/xhtml1 - transitional.dtd">
< html >
  < head >
    < title >页面标题</title >
    < style type = "text/css" >
    p{   color:#FF00FF;
         text - decoration:underline;
         font - weight:bold;
         font - size:25px;   }
    </style >
```

```
        </head>
        <body>
            <p>紫色、粗体、下划线、25px 的效果 1</p>
            <p>紫色、粗体、下划线、25px 的效果 2</p>
            <p>紫色、粗体、下划线、25px 的效果 3</p>
        </body>
    </html>
```

可以看到,所有 CSS 的代码部分被集中在了同一个区域,方便了后期的维护,页面本身也大幅瘦身,但如果是一个网站,拥有很多的页面,对于不同页面上的<p>标记都希望采用同样的风格时,内嵌式的方法就显得略微麻烦,维护成本也不低,因此仅适用于对特殊的页面设置单独的样式风格的情况。

### 3.3.3 链接式

该方法将 CSS 样式写在单独的样式文件中,在网页<head>标签中可以通过<link>标签调用该样式文件。链接式 CSS 样式表是使用频率最高,也是最为实用的方法。它将 HTML 页面本身与 CSS 样式风格分离为两个或多个文件,可实现页面框架 HTML 代码与美工 CSS 代码的完全分离,使得前期制作和后期维护都十分方便。

链接式基本语法如下:

```
<head>
    …
    <link rel="stylesheet" type="text/css" href="样式表文件的地址">
</head>
…
```

CSS 文件要和 HTML 文件一起发布到服务器上,这样在用浏览器打开网页时,浏览器会按照该 HTML 网页所链接的外部样式表来显示其风格。

【案例】 链接式示例如图 3-12 所示。

图 3-12 链接式示例

新建网页文件 chap3_11.html,代码如下:

```
<!DOCTYPE html PUBLIC "-//W3C//DTD XHTML 1.0 Transitional//EN"
"http://www.w3.org/TR/xhtml1/DTD/xhtml1-transitional.dtd">
<html>
  <head>
      <title>页面标题</title>
      <link href="1.css" type="text/css" rel="stylesheet">
  </head>
  <body>
      <h2>CSS 标题 1</h2>
      <p>紫色、粗体、下划线、25px 的效果 1</p>
      <h2>CSS 标题 2</h2>
      <p>紫色、粗体、下划线、25px 的效果 2</p>
  </body>
</html>
```

然后创建文件 1.css，代码如下：

```
h2 { color:#0000FF; }
p { color:#FF00FF;
    text-decoration:underline;
    font-weight:bold;
    font-size:20px;}
```

链接式样式表的最大优势在于 CSS 代码与 HTML 代码完全分离，并且同一个 CSS 文件可以被不同的 HTML 所链接使用。因此，在设计整个网站时可以将所有页面都链接到同一个 CSS 文件，使用相同的样式风格。如果整个网站需要进行样式上的修改，就仅仅只需要修改这一个 CSS 文件即可。

### 3.3.4 导入样式

导入样式表与 3.3.3 小节提到的链接样式表的功能基本相同，只是语法和运作方式上略有区别。

导入样式基本语法如下：

```
<head>
  <style type="text/css">
    @import url(外部样式表文件地址);
    ...
  </style>
  ...
</head>
```

【案例】 导入样式示例如图 3-13 所示。

新建网页文件 chap3_12.html，代码如下：

图 3-13 导入样式示例

```
<!DOCTYPE html PUBLIC "-//W3C//DTD XHTML 1.0 Transitional//EN"
 "http://www.w3.org/TR/xhtml1/DTD/xhtml1-transitional.dtd">
<html>
  <head>
    <title>页面标题</title>
    <style type="text/css">
      @import url(1.css);
    </style>
  </head>
  <body>
     <h2>CSS 标题 1</h2>
     <p>紫色、粗体、下划线、25px 的效果 1</p>
     <h2>CSS 标题 2</h2>
     <p>紫色、粗体、下划线、25px 的效果 2</p>
     <h3>CSS 标题 3</h3>
     <p>紫色、粗体、下划线、25px 的效果 3</p>
  </body>
</html>
```

采用 import 方式导入的样式表,在 HTML 文件初始化时会被导入 HTML 文件内,作为文件的一部分,类似内嵌式的效果。而链接样式表则是在 HTML 的标记需要进行格式化时才以链接的方式引入。

### 3.3.5 用脚本来运用 CSS 样式

JavaScript 与 CSS 都是标准 Web 的重要组成部分,CSS 用于实现页面的表现,而 JavaScript 主要负责页面的行为。当二者相结合的时候通常是用 JavaScript 动态加载或是更换 CSS 来实现页面的变换。

【案例】 利用 JavaScript 脚本动态加载文字的同时,让文字的 CSS 属性发生变化。
用脚本来运用 CSS 样式,页面效果如图 3-14 所示。

图 3-14 用脚本来运用 CSS

新建网页文件 chap3_13.html，代码如下：

```
<!DOCTYPE html PUBLIC "-//W3C//DTD XHTML 1.0 Transitional//EN" "http://www.w3.org/TR/xhtml1/DTD/xhtml1-transitional.dtd">
<html>
<head>
<title>颜色渐变的文字</title>
<script language="javascript">
function Delta(sHex1,sHex2,iNum){
    //计算每个字的变化量
    var iHex1 = parseInt("0x" + sHex1);
    var iHex2 = parseInt("0x" + sHex2);
    return (iHex2 - iHex1)/(iNum - 1);
}
function Colorful(sText,sColor1,sColor2){
    if(sText.length <= 1){
        //如果只有一个字符,渐变无从谈起,直接输出并返回
        document.write("<font style='color:#" + sColor1 + ";'>" + sText + "</font>");
        return;
    }
    //RGB 三色分离,分别获取变化的小量 delta
    var fDeltaR = Delta(sColor1.substring(0,2),sColor2.substring(0,2),sText.length);
    var fDeltaG = Delta(sColor1.substring(2,4),sColor2.substring(2,4),sText.length);
    var fDeltaB = Delta(sColor1.substring(4,6),sColor2.substring(4,6),sText.length);
    var sColorR = parseInt("0x" + sColor1.substring(0,2));
    var sColorG = parseInt("0x" + sColor1.substring(2,4));
    var sColorB = parseInt("0x" + sColor1.substring(4,6));
    for(var i = 0;i < sText.length;i++){
        document.write("<font style='color:rgb(" + Math.round(sColorR) + "," + Math.round(sColorG) + "," + Math.round(sColorB) + ");'>" + sText.substring(i,i+1) + "</font>");
        /*每输出一个字符,颜色的三个分量都相应地变化
        当字符输出完成时,正好由 sColor1 变成 sColor2 */
        sColorR += fDeltaR;
        sColorG += fDeltaG;
        sColorB += fDeltaB;
    }
}
```

Colorful("春节(Spring Festival)中国民间最隆重最富有特色的传统节日,它标志农历旧的一年结束和新的一年开始。春节一般指除夕和正月初一 。但在民间,传统意义上的春节是指从腊月初八的腊祭或腊月二十三或二十四的祭灶,一直到正月十五,其中以除夕和正月初一为高潮。在春节期间,我国的汉族和很多少数民族都要举行各种活动以示庆祝。这些活动均以祭祀、除旧布新、迎禧接福、祈求丰年等为主要内容。活动丰富多彩,带有浓郁的民族特色。","FF3300","3366FF");
</script>
</head>
<body>
</body>
</html>

## 3.4 CSS 应 用

### 3.4.1 长度单位和颜色单位

**1. 长度单位**

长度单位是 Web 页设计中最常用的一个单位。在 CSS 中,长度是一种度量尺寸,用于宽度、高度、字号、字和字母间距、文本的缩排、行高、页边距、贴边、边框线宽以及其他属性。

长度单位一般是一个由两个字母组成的单位缩写,例如 cm、pt、em 等。

(1) 绝对长度单位。

网页定义上常常使用的绝对长度单位有英寸(in)、厘米(cm)、毫米(mm)、磅(pt)、派卡(pc)等,见表 3-1。绝对长度单位的使用范围比较有限,只有在完全知道外部输出设备的具体情况下,才使用绝对长度单位。

表 3-1 绝对长度单位

| 单位 | 描 述 | 单位 | 描 述 |
|---|---|---|---|
| in | 英寸 | pt | 磅(1pt 等于 1/72 英寸) |
| cm | 厘米 | pc | 派卡 |
| mm | 毫米 | | |

(2) 相对长度单位。

每一个浏览器都有其自己默认的通用尺寸标准,这个标准可以由系统决定,也可以由用户按照自己的爱好进行设置。因此,这个默认值尺寸往往是用户觉得最适合的尺寸。CSS 支持三种相对长度单位,即 em、ex、px,见表 3-2。

表 3-2 相对长度单位

| 单位 | 描 述 | 单位 | 描 述 |
|---|---|---|---|
| em | 1em 等于当前的字体尺寸 | px | 像素(计算机屏幕上的一个点) |
| ex | 字体尺寸的一半 | | |

(3) 百分比。

百分比总是相对于另一个值来说的,而那个值可以是长度单位或是其他。每一个可以使用百分比单位指定的属性同时也自定义了这个百分比的参照值。大多数情况下，这个参照值是此元素本身的字体大小。要使用百分比，首先应该在所选择的选项后面的文本框中写符号部分，这个符号可以是正号（＋），表示正长度值，也可以是负号（－），表示负长度值。如果不写符号，那么默认值是＋。在符号后紧接着是一个数值，符号后面可以输入任意值，但是由于在某些情况下，浏览器不能处理带小数的百分数，因此最好不用带小数的百分比。然后在该选项的长度单位下拉列表框中选择％。

### 2. 颜色单位

定义颜色单位最简单也最直接的方法是使用百分比。在这种情况下，红、绿、蓝颜色值的等级用百分比来确定。格式是 rgb(R％,G％,B％)。使用百分比来指定颜色还有一个好处是能够声明一组真正的数字，不论它的值是多少。

指定颜色的另一种方法是使用范围为 0~255 的整数来设置。格式是 rgb(128,128,128)。

定义颜色的第三种方法是使用十六进制数组定义颜色。这种定义的方法对于经常进行程序设计的人来说比较熟悉。定义颜色时使用三个前后按顺序排列的十六进制数组表示，例如♯FC0EA8。这种定义的方式就是形如♯RRGGBB的格式，即在红、绿、蓝的位置上添上需要的十六进制值。

定义颜色的最后一种方法也是最简单的方法是指定颜色的名称，也称颜色关键字。在 CSS 的颜色定义中，总共有 147 种颜色关键字。

## 3.4.2 CSS 设置字体

与字体相关的常用 CSS 属性包括：font-family（字体名称）；font-size（字体大小）；font-style（字体样式）；font-weight（字体粗细）；font-variant（小写字母转为大写）。

### 1. font-family

系统里一般都预装了很多字体，使用 font-family 属性可以选择开发者想要使用的字体。代码如下：

```
font-family:字体1,字体2,…;
```

其中，字体 1 是优先选择的字体，如果该字体在用户的系统中不存在，那么浏览器就会调用字体 2 指定的字体，以此类推。

### 2. font-size

font-size 属性可以用于设置字体的绝对大小或者相对大小。代码如下：

```
font-size:绝对大小或者相对大小;
```

绝对大小是指用户指定文字的绝对数值，通常使用 pt 或者 in 作单位，但是会产生对于不同浏览器文字大小不一样的情况，造成视觉困扰；而相对大小一般采用百分比的形式呈现，页面的文字大小不管在何种浏览器下都能体现不同等级。

## 3. font-style

font-style 属性用来设置字体的倾斜效果。代码如下：

```
font-style:normal|italic|oblique;
```

其中，normal 为正常字体，不倾斜，是默认值；italic 为倾斜；oblique 为偏斜体。

【案例】 字体、大小和样式的设置，页面效果如图 3-15 所示。

图 3-15 字体、文本样式设置

新建网页文件 chap3_14.html，代码如下：

```
<!DOCTYPE html PUBLIC "-//W3C//DTD XHTML 1.0 Transitional//EN"
"http://www.w3.org/TR/xhtml1/DTD/xhtml1-transitional.dtd">
<html xmlns="http://www.w3.org/1999/xhtml">
<head>
<meta http-equiv="Content-Type" content="text/html; charset=gb2312" />
<title>用CSS属性设置字体</title>
<style type="text/css">
<!--
.text1 {
    font-family:"华文行楷","楷体_GB2312";
    font-size: 20pt;
    color: #99CC00;
}
.text2 {
    font-family:"方正静蕾简体","宋体";
    font-size: 22px;
    color: #6699FF;
    font-style: italic;
}
```

```
    .text3 {
        font-family: "华文隶书", "方正黄草_GBK";
        font-size: 26px;
        color: #CC99CC;
    }
    .text4 {
        font-family: Webdings, "Times New Roman";
        font-size: 1.2cm;
        color: #9DACBF;
    }
    -->
</style>
</head>
<body>
<div align="center">
  <p class="text1">华文行楷,楷体_GB2312</p>
  <p class="text2">方正静蕾简体,宋体</p>
  <p class="text3">华文隶书,方正黄草_GBK</p>
  <p class="text4">ABCDEFGHI</p>
</div>
</body>
</html>
```

### 4. font-weight

font-weight 属性用来设置字体的加粗情况。代码如下：

```
font-weight:normal|bold|bolder|lighter|100-900;
```

其中，前 4 项是系统给出的值。normal 指正常值，不加粗；bold 指粗体，字体粗细约为 700；bolder 比粗体更粗些，约为 900；lighter 比默认的字体细些。而 100~900 部分的数值越小表示字体越细，数值越大字体越粗。

### 5. font-variant

font-variant 属性用来将中文字体转换为较小的中文字体，将英文字体转换为大写且字体较小的英文字体。代码如下：

```
font-variant:normal|small-caps;
```

其中，normal 为默认值，是正常的字体；small-caps 是指将小写英文字体转为大写英文字体。

【案例】 对字体粗细和以小型大写字体显示的设置，页面效果如图 3-16 所示。

新建网页文件 chap3_15.html，代码如下：

图 3-16 字体粗细和小型大写字体示例

```
<!DOCTYPE html PUBLIC "-//W3C//DTD XHTML 1.0 Transitional//EN"
    "http://www.w3.org/TR/xhtml1/DTD/xhtml1-transitional.dtd">
<html>
  <head>
      <title>加粗、小型字体</title>
      <style>
        <!--
        p{ font-size:18px; }
        p.one{ font-weight:800; }
        p.two{ font-variant:small-caps}
        -->
      </style>
  </head>

  <body>
      <p>little font</p>
      <p class="one">little font</p>
      <p class="two">little font</p>
  </body>
</html>
```

### 3.4.3 CSS 设置文本

与文本相关的常用属性有 color、direction、line-height、text-align、text-decoration、text-transform、word-spacing、text-indent、letter-spacing 等。

**1. color**

color 属性用来设置文字的颜色。代码如下：

```
color:value;
```

前面介绍了颜色的四种单位，颜色名称、RGB 值、RGB 百分比、十六进制数，在进行 color 属性设置时，value 值可以是这四种单位中的任何一种。

**2. direction**

direction 属性用于设置文本块的方向或书写方向。代码如下：

```
direction : ltr | rtl | inherit ;
```

其中,ltr 表示文本从左到右书写,是默认值;rtl 表示文本从右到左书写;inherit 表示从父元素继承 direction 属性的值。

### 3. line-height

line-height 属性用来设置行高,控制行间的距离。代码如下:

```
line-height:normal|比例|长度单位|百分比;
```

其中,normal 是默认值;比例是指相对于元素 font-size 设定大小的倍数;长度单位是指可利用绝对以及相对的值来设置高度;百分比是指相对于元素 font-size 的百分比。比例、长度单位、百分比的值可以为正值,也可以为负值。正值表示距离拉大,负值表示距离减少。

【案例】 文本颜色、行高、方向的设置,页面效果如图 3-17 所示。

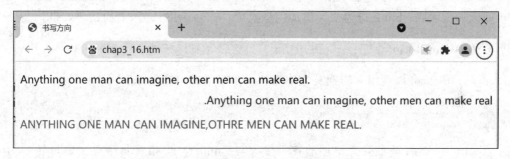

图 3-17 文字颜色、行高、方向的设置示例

新建网页文件 chap3_16.html,代码如下:

```
<!DOCTYPE html PUBLIC "-//W3C//DTD XHTML 1.0 Transitional//EN"
  "http://www.w3.org/TR/xhtml1/DTD/xhtml1-transitional.dtd">
<html>
  <head>
    <title>书写方向</title>
    <style>
    <!--
    p{ font-size:17px;}
    p.one{ direction : ltr ; }
    p.two{ direction:rtl;color:blue; line-height: 0.5em; }
    p.three{ direction:inherit;color:red; line-height: 2em;   }
    -->
    </style>
  </head>
  <body>
    <p class="one">Anything one man can imagine, other men can make real. </p>
    <p class="two">Anything one man can imagine, other men can make real. </p>
    <p class="three">ANYTHING ONE MAN CAN IMAGINE,OTHRE MEN CAN MAKE REAL. </p>
  </body>
</html>
```

### 4. text-align

text-align 属性用来控制文字段落的水平对齐方式。代码如下：

```
text-align:left|right|center|justify;
```

其中，left 为左对齐；right 为右对齐；center 为居中对齐；justify 为两端对齐。

### 5. text-decoration

text-decoration 属性用来对文本进行修饰，比如添加下划线、顶线、删除线、文字闪烁等效果。代码如下：

```
text-decoration:underline|overline|line-through|blink|none;
```

其中，underline 指为文字添加下划线；overline 指为文字添加上顶线；line-through 指为文字中间添加删除线；blink 指为文字添加闪烁效果；none 为默认值，不加任何效果。

### 6. text-transform

text-transform 属性用来转换英文字母的大小写形式。代码如下：

```
text-transform:capitalize|uppercase|lowercase|none;
```

其中，capitalize 指将每个英文单词的首字母大写；uppercase 指将每个英文字母转换为大写；lowercase 指将每个英文字母转换为小写；none 为默认值，指不改变大小写。

【案例】 对齐、大小写转换、文本装饰，页面效果如图 3-18 所示。

图 3-18 对齐、大小写转换、文字装饰的示例

新建网页文件 chap3_17.html，代码如下：

```
<!DOCTYPE html PUBLIC "-//W3C//DTD XHTML 1.0 Transitional//EN"
"http://www.w3.org/TR/xhtml1/DTD/xhtml1-transitional.dtd">
<html xmlns="http://www.w3.org/1999/xhtml">
<head>
  <meta http-equiv="Content-Type" content="text/html; charset=gb2312" />
  <title>设置字母大小写和文本修饰</title>
  <style type="text/css">
    <!--
    .tt1 {text-transform: none;}
    .tt2 {text-transform: capitalize;}
    .tt3 {text-transform: uppercase;}
    .tt4 {text-transform: lowercase;}
    .td1 {text-decoration:none;}
    .td2 {text-decoration:line-through; text-align:center;}
    .td3 {text-decoration:overline;}
    .td4 {text-decoration:underline;text-align:right;}
    .td5 {text-decoration:overline underline;}
    -->
  </style>
</head>
<body>
<table width="372" border="1" align="center" cellpadding="4" cellspacing="0">
  <tr bgcolor="#CCCCCC">
    <th width="50%">设置字母大小写</th>
    <th width="50%">设置文本修饰</th>
  </tr>
  <tr style="line-height:1.8em;">
    <td><div class="tt1">原文:This is a test.</div>
      <div class="tt2">首字母大写:This Is A Test.</div>
      <div class="tt3">小写变大写:THIS IS A TEST.</div>
      <div class="tt4">大写变小写:this is a test.</div></td>
    <td><div class="td1">无修饰</div>
      <div class="td2">删除线</div>
      <div class="td3">上划线</div>
      <div class="td4">下划线</div>
      <div class="td5">上划线和下划线</div></td>
  </tr>
</table>
```

## 7. word-spacing

word-spacing 属性用来设置英文单词之间的距离。代码如下：

```
word-spacing: normal|比例|长度单位|百分比;
```

该属性中的各值与 line-height 属性的值意义是一样的。

## 8. text-indent

text-indent 属性用来设置段落的首行缩进。代码如下：

```
text-indent:value;
```

其中，value 值可以是长度单位，利用绝对值或者相对值都可以，相对的是文本元素 font-size 大小。value 值也可以采用百分比单位。value 可为正负值，正值表示向右缩进，负值表示向左突出。

### 9. letter-spacing

letter-spacing 属性用来设置字母之间的距离。代码如下：

```
letter-spacing: normal|比例|长度单位|百分比;
```

该属性中的各值与 line-height 属性的值其意义也是一样的。

【案例】 设置字母间距、字间距、缩进，页面效果如图 3-19 所示。

图 3-19 字母间距、字间距、缩进的示例

新建网页文件 chap3_18.html，代码如下：

```
<!DOCTYPE html PUBLIC "-//W3C//DTD XHTML 1.0 Transitional//EN"
"http://www.w3.org/TR/xhtml1/DTD/xhtml1-transitional.dtd">
<html>
  <head>
    <title>d 单词间距</title>
    <style>
      <!--
      p{letter-spacing:-2pt}
      p.one{ word-spacing:2em;text-indent:50px; letter-spacing:2pt ; }
      -->
    </style>
  </head>
  <body>
    <p>We all know that English is very useful. Many people in the world speak English.</p>
    <p class="one"> So more and more people in China study it.    </p>
  </body>
</html>
```

## 3.4.4 CSS 设置图像

通过 CSS 可设置图像样式，即通过 CSS 定义样式可设置图片的边框样式、边框颜色、边框粗细、图文混排等。

与图片相关的属性有 border-style、border-color、border-width 等。

（1）border-style。设置图片的边框样式。对应的代码格式为 border-style：value。

（2）border-color。设置图片的边框颜色。对应的代码格式为 border-color：value。

（3）border-width。设置图片的边框宽度。对应的代码格式为 border-width：value。

【案例】 CSS 设置图像示例。

通过 CSS 设置图片的边框样式、边框颜色和边框粗细，如图 3-20 所示。

图 3-20　设置边框样式、边框颜色和边框粗细

新建网页文件 chap3_19.html，代码如下：

```
< html >
  < head >
    < title >边框</title>
    < style >
      <!--
      img.test1{
          border - style:dotted;      /* 点划线 */
          border - color:#FF9900;     /* 边框颜色 */
          border - width:6px;         /* 边框粗细 */
      }
      img.test2{
          border - style:dashed;      /* 虚线 */
          border - color:#000088;     /* 边框颜色 */
          border - width:2px;         /* 边框粗细 */
      }
      -->
    </style>
  </head>
  < body >
      < img src = "cartoon1.jpg" class = "test1">
      < img src = "cartoon1.jpg" class = "test2">
  </body>
</html>
```

### 3.4.5 CSS 设置背景

背景是 CSS 设置的一个重要组成部分,从生成的元素上看有两种:颜色背景和图像背景。其属性包括 background-color、background-image、background-repeat、background-position、background-attachment、background。

**1. background-color**

在进行网页设计时,通常会使用 background-color 为网页和某些元素添加背景颜色,以达到美化网页的效果。代码如下:

```
background-color:value|transparent;
```

其中,value 是颜色值,可以使用各种颜色单位;transparent 表示透明,也是浏览器的默认值。

**2. background-image**

通过设置背景颜色可以提供简单的网页装饰,如果需要更复杂的视觉效果,往往要用背景图片来实现。

background-image 属性用来设置背景图像所用的图片。代码如下:

```
background-image:url(url value);
```

其中,url(url value)是背景图像的地址,也可以是相对路径,还可以是绝对路径,甚至可以是网上的图片网址路径。

**3. background-repeat**

background-repeat 属性用来设置背景图像的排列方式,通常和 background-image 属性一起使用。代码如下:

```
background-repeat:repeat-x|repeat-y|no-repeat;
```

其中,repeat-x 表示背景图片仅在 x 方向,也就是横向重复;repeat-y 表示背景图像在 y 方向,也就是纵向重复;no-repeat 表示背景图片不重复。默认表示背景图像在横向和纵向都重复。

【案例】 重复背景设置的示例如图 3-21 所示。

新建网页文件 chap3_20.html,代码如下:

```
<!DOCTYPE html PUBLIC "-//W3C//DTD XHTML 1.0 Transitional//EN"
"http://www.w3.org/TR/xhtml1/DTD/xhtml1-transitional.dtd">
<html>
  <head>
    <title>背景重复</title>
```

```
        <style>
        body{padding:0px;
            margin:0px;
            background-image: url(3301.gif);
            background-repeat:repeat-y;
            background-color:#0066FF;        }
        </style>
    </head>
    <body>
    </body>
</html>
```

图 3-21　重复背景设置的示例

### 4．background-position

background-position 属性用来设置背景图像的开始位置，也需要与 background-image 属性一起使用。代码如下：

```
background-position:values1  values2;
```

其中，values1 和 values2 分别为两个值，用来设置背景图像离窗口边距的距离，该值可以为百分数、长度值，也可以是位置关键字。百分数指的是背景图像的起始位置相对于它的上级窗口来说的百分数；长度值可以是绝对单位也可以是相对单位；位置关键字包括 top left（上左）、top center（上中）、top right（上右）、center left（中左）、center center（正中）、center right（中右）、bottom left（下左）、bottom center（下中）、bottom right（下右）。使用这些关键字可以快速准确地设置背景图片的位置。

【案例】 背景图片位置设置的示例如图3-22所示。

图 3-22 背景图片位置设置的示例

新建网页文件 chap3_21.html,代码如下:

```
<!DOCTYPE html PUBLIC "-//W3C//DTD XHTML 1.0 Transitional//EN"
"http://www.w3.org/TR/xhtml1/DTD/xhtml1-transitional.dtd">
<html>
  <head>
    <title>背景的位置</title>
    <style>
    body{background-image:url(3335.jpg);
         background-repeat:no-repeat;
         background-position:bottom right;
         background-color:#eeeee8;       }
    p{margin:0px; font-size:14px;
         padding-top:10px;
         padding-left:6px; padding-right:8px;    }
    </style>
  </head>
  <body>
    <p><span>雪</span>是大气固态降水中的一种最广泛、最普遍、最主要的形式。大气固态降水是多
    种多样的,除了美丽的雪花以外,还包括能造成很大危害的冰雹,还有我们不经常见到的雪霰和冰粒。
    </p>
    <p>由于天空中气象条件和生长环境的差异,造成了形形色色的大气固态降水。这些大气固态
    降水的叫法因地而异,因人而异,名目繁多,极不统一。为了方便起见,国际水文协会所属的国际
    雪冰委员会,在征求各国专家意见的基础上,在1949年召开了一个专门性的国际会议,会上通过
    了关于大气固态降水简明分类的提案。这个简明分类,把大气固态降水分为十种:雪片、星形雪
    花、柱状雪晶、针状雪晶、多枝状雪晶、轴状雪晶、不规则雪晶、霰、冰粒和雹。前面的七种统称为
    雪。</p>
  </body>
</html>
```

## 5. background-attachment

background-attachment 属性用来设置背景图像是固定还是随着页面的其余部分滚动，需要与 background-image 属性一起使用。代码如下：

```
background-attachment:scroll|fixed;
```

其中，scroll 表示背景图像随着内容的滚动而动，为默认值；fixed 表示背景图像不受滚动影响，固定不动。

## 6. background

关于背景的设置有很多属性，为了便于设置，CSS 提供了一个可以同时设置背景相关内容的属性 background。代码如下：

```
background:background-attachment background-color background-image background-position background-repeat
```

利用该属性可一次设置 5 个背景属性。

【案例】 背景综合设置示例如图 3-23 所示。

图 3-23 背景综合设置示例

新建网页文件 chap3_22.html，代码如下：

```
<!DOCTYPE html PUBLIC "-//W3C//DTD XHTML 1.0 Transitional//EN"
"http://www.w3.org/TR/xhtml1/DTD/xhtml1-transitional.dtd">
<html>
  <head>
    <title>背景综合设置</title>
    <style>
```

```
        body{ background: url(334.jpg) no-repeat fixed;      /* 页面大背景 */ }
        div{
        background:url(../chapter5/bg8.gif) repeat-y 5px 0px;/* 左侧小图标背景 */ }
        h1{font-family:黑体;
            text-decoration:underline;       }
        </style>
    </head>
    <body>
        <div>
        <h1>银杏的优点</h1>
        1. 叶色秀雅,花色清淡。<br>
        2. 树体高大,寿命绵长,树粗可达 4 米,寿命可达 3000 年之多。固长与古老寺庙相配伍,以名
           山大川、风景名胜为伴。<br>
        3. 树干光洁,愈伤力强,轻微的损伤很快便可愈合。<br>
        4. 发芽晚,落叶早,有利于早春和晚秋树下能及时得到暖和的阳光。<br>
        </div>
    </body>
</html>
```

### 3.4.6 CSS 设置超链接

在网页设计上,除了使用静态的图片、颜色这些美化网页的元素外,使用超链接动态交互效果,也可以增加用户的体验。在前面的伪类中,我们已经简单了解了关于超链接的 5 种伪类状态,接下来我们详细讲解一下。

**1. ":link"和":visited"**

使用":link"可以向未被访问的链接添加样式,而使用":visited"则可以向已被访问的链接添加样式。代码如下:

```
a 或者 a 的元素名   :link 或:{属性:属性值;...}
```

其中,a 表示所有超链接,但有时只对部分超链接使用样式,此时,我们可以对该部分超链接进行类或者 ID 名字定义。具有该属性的元素定义可以遵循派生选择器的书写方式,比如对于类名称为 part1 中的超链接进行样式设置时,代码如下:

```
.part1   a:link{color:red;...}
```

**2. ":active"和":hover"**

使用":active"可以向被激活的元素添加样式。
使用":hover"可以在当鼠标悬浮在元素上方时,向元素添加样式。

### 3.4.7 CSS 设置鼠标特效

在网页上,当将鼠标移动到不同的地方,或者使用鼠标执行不同的功能,或者当系统处

于不同的状态下,希望鼠标指针能显示出不同的形状,用来做出相应的表示。在 CSS 中,属性 Cursor 可以用来设置鼠标的不同显示样式。代码如下:

```
Cursor:value;
```

通过设置不同的值可以让在对象上移动的鼠标指针呈现系统预定义的光标形状,其常用的值及其意义见表 3-3。

表 3-3  value 值的意义

| 属性值 | 描述 | 属性值 | 描述 |
| --- | --- | --- | --- |
| default | 默认值,箭头指针 | s-resize | 箭头朝下方 |
| hand | 手形 | n-resize | 箭头朝上方 |
| move | 移动 | e-resize | 箭头朝右方 |
| crosshair | 精确定位"十"字 | ne-resize | 箭头朝右上方 |
| help | 帮助 | nw-resize | 箭头朝左上方 |
| wait | 等待 | sw-resize | 箭头朝左下方 |
| text | 文本选择 | se-resize | 箭头朝右下方 |
| w-resize | 箭头朝左方 | | |

【案例】 超链接、Cursor 属性设置鼠标示例如图 3-24 所示。

图 3-24  超链接、Cursor 属性设置鼠标示例

新建网页文件 chap3_23.html,代码如下:

```
<!DOCTYPE html PUBLIC "-//W3C//DTD XHTML 1.0 Transitional//EN"
"http://www.w3.org/TR/xhtml1/DTD/xhtml1-transitional.dtd">
<html>
  <head>
    <title>超链接</title>
    <style>
      <!--
      body{
```

```
                background: url(bg9.gif);
                margin:0px; padding:0px;
                cursor:pointer;}
        .chara1{
            font-size:12px;
            background-color:#90bcff;}
        .chara1 td{
            text-align:center;}
        img{ width:600px; height:150px;}
        a:link{
            color:#005799;
            text-decoration:none;}
        a:visited{
            color:#000000;
            text-decoration:none;}
        a:hover{
            color:#FFFF00;
            text-decoration:underline;}
        a:active{color:#CC0000; text-decoration:none;}
        a.help:hover{cursor:help;}
        -->
    </style>
</head>
<body>
    <table align="center" cellpadding="1" cellspacing="0">
        <tr><td><img src="20120427040247990.jpg" width="3131" height="831"></td>
        </tr>
    </table>
    <table width="600px" cellpadding="2" cellspacing="2" class="chara1"
    align="center">
        <tr>
            <td><a href="#">首页</a></td>
            <td><a href="#">红楼原著</a></td>
            <td><a href="#">红楼版本</a></td>
            <td><a href="#">红楼资料</a></td>
            <td><a href="#">红楼WIKI</a></td>
            <td><a href="#">红楼论坛</a></td>
            <td><a class="help" href="#">帮助</a></td>
        </tr>
    </table>
</body>
</html>
```

### 3.4.8  CSS制作实用菜单

对于一个成功的网站来说,导航菜单是必不可少的,导航菜单的样式风格往往也决定了整个网站的样式风格,本节将介绍通过项目列表制作导航栏的方法。

使用列表可以使相关的内容以一种整齐划一的方式排列显示。根据列表排列方式的不同,可以将列表分为有序列表、无序列表、定义列表三种。CSS 列表属性允许放置、改变列表项的标志,或者将图像作为列表项标志。

### 1. list-style-type

list-style-type 属性用来设置列表项标记的类型。代码如下:

```
list-style-type:disc|circle|square|decimal|lower-roman|upper-roman|lower-alpha|upper-alpha|none;
```

其中,disc 为默认值,黑圆点;circle 为空心圆点;square 为黑色小方块;decimal 为数字排序;lower-roman 为小写罗马字排序;upper-roman 为大写罗马字排序;lower-alpha 为小写字母排序;upper-alpha 为大写字母排序;none 指无列表项的标记。

### 2. list-style-image

通过 list-style-image 属性将图像设置为列表项标记。代码如下:

```
list-style-image:url(图片位置);
```

其中,图片位置可以为绝对地址,也可为相对地址。

### 3. list-style-position

利用 list-style-position 属性可设置列表项标记的放置位置。代码如下:

```
list-style-position:outside|inside;
```

其中,outside 表示将列表项的标记放置在列表左边框的外侧,也就是以列表项内容为准对齐;inside 则表示以列表项标记为准对齐。

### 4. list-style

利用 list-style 属性可以在一个声明中设置所有的列表属性。代码如下:

```
list-style: list-style-position  list-style-type  list-style-image;
```

【案例】 利用项目列表制作菜单示例,页面效果如图 3-25 所示。

图 3-25　利用项目列表制作菜单页面效果

新建网页文件 chap3_24.html, 代码如下：

```html
<html>
  <head>
    <title>实用导航</title>
    <style>
    <!--
    body{
        background-color:#ffdee0;
    }
    #navigation {
        font-family:Arial;
    }
    #navigation ul {
        list-style-type:none;         /* 不显示项目符号 */
        margin:0px;
        padding:0px;
    }
    #navigation li {
        float:left;                   /* 水平显示各个项目 */
    }
    #navigation li a{
        display:block;                /* 区块显示 */
        padding:3px 6px 3px 6px;
        text-decoration:none;
        border:1px solid #711515;
        margin:2px;
    }
    #navigation li a:link, #navigation li a:visited{
        background-color:#c11136;
        color:#FFFFFF;
    }
    #navigation li a:hover{           /* 鼠标经过时 */
        background-color:#990020;     /* 改变背景色 */
        color:#ffff00;                /* 改变文字颜色 */
    }
    -->
    </style>
  </head>
  <body>
    <div id="navigation">
      <ul>
        <li><a href="#">Home</a></li>
        <li><a href="#">My Blog</a></li>
        <li><a href="#">Friends</a></li>
        <li><a href="#">Next Station</a></li>
        <li><a href="#">Contact Me</a></li>
      </ul>
    </div>
```

```
</body>
</html>
```

## 课 后 练 习

**一、填空题**

1. CSS 的语法结构由 3 部分组成,即_____、_____、_____。
2. 添加 CSS 常用的方法有_____、_____、_____、_____。
3. _____一般位于 HTML 文件的头部,即<head>与</head>标签内,并且以<style>开始,以</style>结束,这些定义的样式就可以应用到页面中。
4. 在 HTML 中,设置文字的字体属性要通过<font>标签中的 face 属性,而在 CSS 中则使用_____属性。

**二、设计题**

按图 3-26 的要求新建文件名为 form.htm 的网页,网页背景色为♯CCCCCC,插入表单,各表单域的信息见表 3-4。

图 3-26　新建网页

表 3-4　各表单域的信息

| 所表示信息 | 类　　型 | 名　　称 | 格式、有效性规则 | 选项按钮或下拉菜单中的值 |
| --- | --- | --- | --- | --- |
| 姓名 | 文本框 | name | 宽度10 | |
| 性别 | 两个单选项按钮 | sex | | male、female |
| 文化程度 | 下拉菜单 | degree | | 小学、中学、大学 |

# 第 4 章

# DOM 模 型

Chapter 4

| 学习目标 | 了解 DOM 的概念；<br>了解 DOM 树的结构；<br>掌握 DOM 中元素的操作。 |
|---|---|

## 4.1 DOM 简 介

DOM 的全称是 Document Object Model，即文档对象模型，是 W3C 组织推荐的处理可扩展置标语言的标准编程接口。它是一种与平台和语言无关的应用程序接口（API），它可以动态地访问程序和脚本，更新其内容、结构和 www 文档的风格。

在浏览器中，基于 DOM 的 HTML 分析器将一个页面转换成一个对象模型的集合（通常称 DOM 树），浏览器正是通过对这个对象模型的操作，来实现对 HTML 页面的显示。通过 DOM 接口，JavaScript 可以在任何时候访问 HTML 文档中的任何一部分数据，并且可以实现对 HTML 元素进行添加、移动、改变或移除等操作，因此，利用 DOM 接口可以无限制地操作 HTML 页面。

DOM 接口提供了一种通过分层对象模型来访问 HTML 页面的方式，这些分层对象模型依据 HTML 的文档结构形成了一棵节点树。也就是说，DOM 强制使用树模型来访问 HTML 页面中的元素。由于 HTML 本质上就是一种分层结构，所以这种描述方法是相当有效的。

对于 HTML 页面开发来说，DOM 就是一个对象化的 HTML 数据接口，一个与语言无关、与平台无关的标准接口规范。它定义了 HTML 文档的逻辑结构，给出了一种访问和处理 HTML 文档的方法。利用 DOM，程序开发人员可以动态地创建文档，遍历文档结构，添加、修改、删除文档内容，改变文档的显示方式等。

可以这样说，HTML 文档代表的是页面，而 DOM 则代表了如何去操作页面。无论是在浏览器里还是在浏览器外，无论是在服务器端还是在客户端，只要有用到 HTML 的地方，就可能涉及 DOM 的应用。

DOM 规范与 Web 世界的其他标准一样受到 W3C 组织的管理，在其控制下为不同平台和语言使用 DOM 提供一致的 API，W3C 把 DOM 定义为一套抽象的类而非正式实现 DOM。目前，DOM 由三部分组成，包括核心（core）、HTML 和 XML（可扩展标记语言）。核心部分是结构化文档比较底层对象的集合，这一部分所定义的对象已经完全可以表达出任何 HTML 和 XML 文档中的数据了。

HTML 接口和 XML 接口两部分则是专为操作具体的 HTML 文档和 XML 文档所提供的高级接口，使对这两类文件的操作变得更加方便。

## 4.2 DOM 编程基础

### 4.2.1 DOM 树的结构

DOM 提供的访问文档信息的媒介是一种分层对象模型，而这个层次的结构，则是一棵根据文档生成的节点树。

在对文档进行分析之后，不管这个文档有多简单或者多复杂，其中的信息都会被转化成一棵对象节点树。

在这棵节点树中，有一个根节点即 Document 节点，所有其他的节点都是根节点的后代节点。节点树生成之后，就可以通过 DOM 接口访问、修改、添加、删除、创建树中的节点和内容。

DOM 把文档表示为节点(node)对象树。"树"这种结构在数据结构中被定义为一套互相联系的对象的集合，或者称为节点的集合，其中一个节点作为树结构的根(root)。节点被冠以相应的名称以对应它们在树里相对其他节点的位置。例如，某一节点的父节点就是树层次内比它高一级别的节点(更靠近根节点)，而其子节点则比它低一级别；兄弟节点显然就是树结构中与它同级的节点了，不在它的左边就在它的右边。

### 4.2.2 DOM 模型中的节点

节点(node)一词最初来源于计算机网络，它代表着网络中的一个连接点，可以说网络就是由节点构成的集合。DOM 的情况很类似，文档可以说也是由节点构成的集合。因此 DOM 的逻辑结构可以用节点树的形式进行表述。浏览器通过对 HTML 页面的解析处理，HTML 文档中的元素便转化为 DOM 中的节点对象。

具体来讲，DOM 节点树中的节点有元素节点、文本节点和属性节点三种不同的类型，下面加以具体介绍。

**1. 元素节点(element node)**

在 HTML 文档中，各 HTML 元素如<body>、<p>、<ul>等构成文档结构模型的一个元素对象。在节点树中，每个元素对象又构成了一个节点。元素可以包含其他元素，例如下面的"购物清单"代码。

```
<ul id="购买内容">
   <li>牛奶</li>
   <li>面包</li>
   <li>芝士</li>
</ul>
```

所有的列表项元素<li>都包含在无序清单元素<ul>内部。其中节点树中<html>元素是节点树的根节点。

## 2. 文本节点(text node)

在节点树中,元素节点构成树的枝条,而文本则构成树的叶子。如果一份文档完全由空白元素构成,它将只有一个框架,本身并不包含什么内容。没有内容的文档是没有价值的,而绝大多数内容由文本提供。在下面语句中:

```
<p>Welcome to<em>DOM</em>World!</p>
```

包含 Welcome to、DOM、World! 三个文本节点。在 HTML 中,文本节点总是包含在元素节点的内部,但并非所有的元素节点都包含或直接包含文本节点,如"购物清单"中,<ul>元素节点并不包含任何文本节点,而是包含着另外的元素节点,后者包含着文本节点,所以说,有的元素节点只是间接包含文本节点。

## 3. 属性节点(attribute node)

HTML 文档中的元素或多或少都有一些属性,既便于用其准确、具体地描述相应的元素,也便于进行进一步的操作,例如下面的代码。

```
<h1 class="Sample">Welcome to DOM World!</h1>
<ul id="purchases">...</ul>
```

其中,class="Sample"、id="purchases"都属于属性节点。因为所有的属性都是放在元素标签里,所以属性节点总是包含在元素节点中。

**注意**:并非所有的元素都包含属性,但所有的属性都会被包含在元素里。

任何的格式良好的 HTML 页面中的每一个元素均有 DOM 中的一个节点类型与之对应。利用 DOM 接口获取 HTML 页面对应的 DOM 节点后,就可以自由的操作 HTML 页面了。

【案例】 DOM 树的结构。新建页面文件 chap4_1.html,代码如下:

```
<html>
    <head>
        <title>文档标题</title>
    </head>
    <body>
        <a href="">我的链接</a>
        <h1>我的标题</h1>
    </body>
</html>
```

用 DOM 树结构来表示上面这段代码,如图 4-1 所示。

图 4-1 中的所有节点彼此间都存在关系。

除文档节点之外的每个节点都有父节点。比方说,head 和 body 的父节点是 html 节点,文本节点"我的标题"的父节点是 p 节点。

大部分元素节点都有子节点。比方说,head 节点有一个子节点 title 节点;title 节点也

图 4-1 DOM 树结构

有一个子节点,即文本节点"文档标题"。

当节点分享同一个父节点时,它们就是同辈(同级节点)。比方说,h1 和 a 是同辈,因为它们的父节点均是 body 节点。

节点也可以拥有后代,后代指某个节点的所有子节点,或者这些子节点的子节点,以此类推。比方说,所有的文本节点都是 html 节点的后代,而第一个文本节点是 head 节点的后代。

节点也可以拥有先辈。先辈是某个节点的父节点,或者父节点的父节点,以此类推。比方说,所有的文本节点都可把 html 节点作为先辈节点。

### 4.2.3 document 对象

每个载入浏览器的 HTML 页面都会成为 document 对象(即该 HTML 页面对应的 DOM)。利用 document 对象可以通过 JavaScript 对 HTML 页面中的所有元素进行访问。document 对象是 window 对象的一部分,可通过 window.document 属性对其进行访问。

document 对象代表一个在浏览器窗口或框架中显示的 HTML 文件。浏览器在加载 HTML 文档时,为每一个 HTML 文档创建相应的 document 对象。document 对象是 window 对象的一个属性,引用它时,可以省略 window 前缀。document 拥有大量的属性和方法,结合了大量子对象,如图像对象、超链接对象、表单对象等。通过这些子对象可以控制 HTML 文档中的对应元素,可以通过 JavaScript 对 HTML 页面中的所有元素进行访问。

通过 document 对象可以使用页面中的任何元素,也可以添加新元素以及删除存在的元素。下面来看看 document 的属性,见表 4-1。

表 4-1 document 对象的属性

| 属 性 名 | 作 用 |
| --- | --- |
| document.title | 设置文档标题,等价于 HTML 的 <title> 标签 |
| document.bgColor | 设置页面背景色 |

续表

| 属 性 名 | 作 用 |
|---|---|
| document.fgColor | 设置前景色(文本颜色) |
| document.linkColor | 未单击过的链接颜色 |
| document.alinkColor | 激活链接(焦点在此链接上)的颜色 |
| document.vlinkColor | 已单击过的链接颜色 |
| document.URL | 设置 URL 属性从而在同一窗口打开另一网页 |
| document.fileCreatedDate | 文件建立日期,只读属性 |
| document.fileModifiedDate | 文件修改日期,只读属性 |
| document.fileSize | 文件大小,只读属性 |
| document.cookie | 设置和读出 cookie |
| document.charset | 设置字符集如简体中文 gb2312 |

在处理文档的时候,有几个函数和属性可以用来获取元素信息,最常用的函数如下。

(1) document.write():动态向页面写入内容。

(2) document.createElement(Tag):创建一个 html 标签对象。

(3) document.getElementById(ID):获得指定 ID 值的对象。

(4) document.getElementsByName(Name):获得指定 Name 值的对象集合。

## 4.3 DOM 节点操作

### 4.3.1 获取 DOM 中的元素

DOM 中定义了多种获取元素节点的方法,如 document.getElementById()、getElementsByName()、document.getElementsByTagName()和 getElementsByClassName()等。如果需要获取文档中的一个特定的元素节点,最有效的方法是 getElementById()。

**1. document.getElementById()**

document.getElementById()方法通过元素节点的 ID,可以准确获得需要的元素节点,是比较简单快捷的方法。如果页面上含有多个相同 id 的元素节点,那么只返回第一个元素节点。

如今,已经出现了如 prototype、Mootools 等多个 JavaScript 库,它们提供了更简便的方法如$(id),参数仍然是元素节点的 id。这个方法可以看作是 document.getElementById()的另外一种写法。在后面的章节中将详细介绍这些 JavaScript 库。

在此先来讲如何通过 getElementById()获取元素节点。当需要操作 HTML 文档中的某个特定的元素时,最好给该元素添加一个 id 属性,为它指定一个(在文档中)唯一的名称,然后就可以用该 id 属性的值查找想要的元素节点。

【案例】 getElementById()方法的使用,程序运行效果如图 4-2 所示。

新建页面文件 chap4_2.html,代码如下:

图 4-2 通过 getElementById()获取元素节点

```
< html >
    < head >
        < title > 使用 getElementById()获取元素节点</title >
        < script >
            function getValue() {
                var x = document.getElementById("myHeader")
                alert(x.innerHTML)
            }
        </script >
    </head >
    < body >
        < h1 id = "myHeader" onclick = "getValue()">这是标题</h1>
        < p>单击标题,会提示出它的值。</p>
    </body >
</html >
```

本案例中,代码 document.getElementById("myHeader")取得 id 属性的值为 myHeader 的元素,即元素<h1>,通过语句 alert(x.innerHTML),实现通过单击元素<h1>以显示出它的内容"这是标题"。

**2. getElementsByName()**

document.getElementsByName(name)方法与 getElementById()方法用法相似,但是它查询的是元素的 name 属性,而不是 id 属性。因为一个文档中 name 属性可能不唯一(如 HTML 表单中的单选按钮通常具有相同的 name 属性),所以 getElementsByName()方法返回的是元素节点的数组,而不是一个元素节点。然后,可以通过要获取节点的某个属性来循环判断是否为需要的节点。

【案例】 getElementsByName()方法的使用,程序运行效果如图 4-3 所示。

图 4-3 通过 getElementsByName()获取元素节点数组

新建页面文件 chap4_3.html，代码如下：

```html
<html>
    <head>
        <title>getElementsByName()</title>
        <script>
            function getElements() {
                var x = document.getElementsByName("myInput");
                alert(x.length);
            }
        </script>
    </head>
    <body>
        <input name = "myInput" type = "text" size = "20" /><br />
        <input name = "myInput" type = "text" size = "20" /><br />
        <input name = "myInput" type = "text" size = "20" /><br />
        <input name = "myInput" type = "radio" value = "">
        <input name = "myInput" type = "button"><br />
        <input type = "button" onclick = "getElements()"
            value = "名为 'myInput' 的元素有多少个?" />
    </body>
</html>
```

在本案例中代码 document.getElementsByName("myInput") 获取了 name 为 myInput 的 input 元素节点数组，并通过 alert(x.length) 语句将该数组的长度输出，输出的结果为 5。

getElementById() 和 getElementsByTagName() 这两种方法，可查找整个 HTML 文档中的任何 HTML 元素。但这两种方法会忽略文档的结构，假如需要查找文档中所有的 p 元素，getElementsByTagName() 会把它们全部找到，不管 p 元素处于文档中的哪个层次。同时，getElementById() 方法也会返回正确的元素节点，不论它被隐藏在文档结构中的什么位置。例如 document.getElementsByTagName("p") 方法会返回文档中所有 p 元素的一个节点数组，而 document.getElementById('maindiv').getElementsByTagName("p") 语句则会返回所有 p 元素的一个节点列表，且这些 p 元素必须是 id 为 maindiv 的元素的后代。

### 3. document.getElementsByTagName()

document.getElementsByTagName() 方法是通过元素的标记名获取节点，同样，该方法也是返回一个数组。在获取元素节点之前，一般都是知道元素的类型的，所以使用该方法比较简单，但其缺点也是显而易见的，那就是返回的数组可能十分庞大，这样在进行访问时就会浪费很多时间。它不是 document 对象的专有方法，还可以应用到其他节点对象。其语法如下：

```
document.getElementsByTagName("标签名称");
```

或

```
document.getElementById('ID').getElementsByTagName("标签名称");
```

获取节点数组时,通常要把此数组保存在一个变量中,就像这样:

```
var x = document.getElementsByTagName("li");
```

其中,变量 x 就是包含着页面中所有 li 元素节点的数组,可通过它们的索引号来访问这些 li 元素节点,索引号从 0 开始,可以使用数组的 length 属性来循环遍历节点列表。

```
var x = document.getElementsByTagName("li");
for (var i = 0; i < x.length; i++){
// 这里可以操作相应的元素
}
要访问第三个 li 元素节点,可以这么写:var y = x[2];
```

【案例】 getElementsByTagName()方法的使用,运行结果如图 4-4 所示。

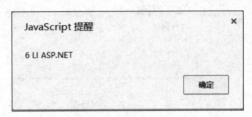

图 4-4　通过 getElementsByTagName()获取节点数组

新建页面文件 chap4_4.html,代码如下:

```
<html>
  <head>
    <title>getElementsByTagName()</title>
    <script>
    function searchDOM(){
        var oLi = document.getElementsByTagName("li");
        alert(oLi.length + " " + oLi[0].tagName + " " + oLi[3].childNodes[0].nodeValue);
    }
    </script>
  </head>
  <body onload = "searchDOM()">
    <ul>客户端语言
        <li>HTML</li>
        <li>JavaScript</li>
        <li>CSS</li>
    </ul>
    <ul>服务器端语言
        <li>ASP.NET</li>
        <li>JSP</li>
        <li>PHP</li>
    </ul>
  </body>
</html>
```

以上页面的正文部分由两个<ul>组成,分别包含一些项目列表,每个子项各有文本内容。通过方法 getElementsByTagName("li")将所有的<li>标记取出,并选择性地加以访问。

### 4. getElementsByClassName()

getElementsByClassName()方法是通过元素所使用的样式类别名称获取节点,该方法也是返回一个数组。

其语法如下:

```
document.getElementsByClasaName("类别名称");
```

【案例】 getElementsByClassName()方法的使用,程序运行效果如图4-5所示。

图4-5 通过getElementsByClassName()访问节点

新建页面文件chap4_5.html,代码如下:

```html
<html>
  <head>
    <title>getElementsByClassName()</title>
    <script>
    function searchDOM(){
        var oLi = document.getElementsByClassName("ccc");
        alert(oLi.length + " " + oLi[0].tagName + " " + oLi[2].childNodes[0].nodeValue);
    }
    </script>
  </head>
  <body onload="searchDOM()">
    <ul>客户端语言
        <li class="ccc">HTML</li>
        <li>JavaScript</li>
        <li class="ccc">CSS</li>
    </ul>
    <ul>服务器端语言
        <li>ASP.NET</li>
        <li>JSP</li>
        <li class="ccc">PHP</li>
    </ul>
  </body>
</html>
```

利用 getElementsByClassName() 方法实现了我们想要的功能，即可以获取具有指定 class 属性值的对象集合，但是令人遗憾的是该用法具有浏览器兼容问题。虽然以上代码可以在谷歌、火狐和 IE 8 以上的浏览器中完美运行，但是 IE 8 和 IE 8 以下的浏览器不支持此函数，因此在使用此函数时应注意其局限性。

### 4.3.2 节点的常用属性和方法

对于每一个 DOM 节点 node，都有一系列的属性、方法可以使用，常用的见表 4-2。

表 4-2　node 的常用属性和方法

| 属性/方法 | 类型/返回类型 | 附加说明 |
| --- | --- | --- |
| nodeName | String | 返回当前节点名字 |
| nodeValue | String | 返回当前节点的值，仅对文本节点 |
| nodeType | Number | 返回与节点类型相对应的值 |
| firstChild | Node | 指向 childNodes 列表中的第一个节点 |
| lastChild | Node | 指向 childNodes 列表中的最后一个节点 |
| childNodes | NodeList | 所有子节点的列表，方法 item(i) 可以访问第 i+1 个节点 |
| parentNode | Node | 指向当前节点的父节点，如果已是根节点，则返回 null |
| previousSibling | Node | 指向前一个兄弟节点，如果该节点已经是第一个节点，则返回 null |
| nextSibling | Node | 指向后一个兄弟节点，如果该节点已经是最后一个节点，则返回 null |
| hasChildNodes() | Boolean | 当 childNodes 包含一个或多个节点时，返回 true |
| attributes | NameNodeMap | 返回当前节点(标记)属性的列表，仅用于元素节点 |
| appendChild(node) | Node | 将 node 节点添加到 childNodes 的末尾 |
| removeChild(node) | Node | 从 childNodes 中删除 node 节点 |
| replaceChild（newnode, oldnode) | Node | 将 childNodes 中的 oldnode 节点替换为 newnode 节点 |
| insertBefore（newnode, refnode) | Node | 在 childNodes 中的 refnode 节点之前插入 newnode 节点 |

### 4.3.3 检测节点类型

通过节点的 nodeType 属性可以检测出节点的类型，该属性返回一个代表节点类型的整数值，总共有 12 个可取得值，例如：

```
aler(document.nodeType);
```

以上代码的显示值为 9，标识 DOCUMENT_NODE 节点。然而实际上，对于大多数情况而言，真正有用的还是之前提到的三种节点，即元素节点、文本节点和属性节点，它们的 nodeType 值分别是：

(1) 元素节点的 nodeType 值为 1。
(2) 属性节点的 nodeType 值为 2。
(3) 文本节点的 nodeType 值为 3。

这就意味着可以对某种类型的节点做单独的处理,这在搜索节点的时候非常的实用。

### 4.3.4 利用父、子、兄关系查找节点

父、子、兄关系是 DOM 模型中节点之间最重要的 3 种关系。

在获取了某个节点之后,可以通过父子关系,利用 hasChildNode()方法和 childNode 属性获取该节点所包含的所有子节点。

【案例】 利用 DOM 获取所有子节点,页面运行效果如图 4-6 所示。

图 4-6　DOM 获取所有子节点

新建页面文件 chap4_6.html,代码如下:

```
<html>
  <head>
    <title>子节点遍历</title>
    <script>
    function myDOMInspector(){
        var oUl = document.getElementById("sonList");    //获取<ul>标记
        var DOMString = "";
        if(oUl.hasChildNodes()){                          //判断是否有子节点
            var oCh = oUl.childNodes;
            for(var i=0;i<oCh.length;i++)                 //逐一查找
                DOMString += oCh[i].nodeName + "\n";
        }
        alert(DOMString);
    }
    </script>
  </head>
  <body onload="myDOMInspector()">
    <ul id="sonList">
```

```
            <li>乒乓球</li>
            <li>羽毛球</li>
            <li>足球</li>
            <li>篮球</li>
            <li>橄榄球</li>
        </ul>
    </body>
</html>
```

在这个案例的函数中首先获取<ul>标签,然后利用hasChildNode()判断其是否有子节点,如果有则利用childNodes遍历它的所有节点,如图4-6所示,不仅显示了5个li子节点,同时连它们之间的空格也被当成子节点计算了进来。

这个问题一直存在,对于开发者而言,在编写DOM语句时应当引起注意,具体的处理方法稍后讲解(见chap4_9.html文件)。

利用hasChildNode()方法和childNodes属性,通过父节点可以轻松找到子节点,反过来也是一样的。利用parentNode属性,可以获得一个节点的父节点。

【案例】 DOM获取节点的父节点,运行结果如图4-7所示。

图 4-7 利用 parentNode 属性获取节点的父节点

新建页面文件 chap4_7.html,代码如下:

```
<html>
    <head>
        <title>parentNode</title>
        <script>
        function myDOMInspector(){
            var myItem = document.getElementById("myDearball");
            alert(myItem.parentNode.tagName);
        }
        </script>
    </head>
    <body onload="myDOMInspector()">
        <ul>
            <li>乒乓球</li>
            <li>羽毛球</li>
            <li>足球</li>
            <li id="myDearball">篮球</li>
            <li>橄榄球</li>
        </ul>
    </body>
</html>
```

在本案例中,document.getElementById("myDearball")语句通过 ID 找到语句<li id="myDearball">篮球</li>的元素节点<li>,再通过该节点的 parentNode 属性,成功获得该<li>节点的父节点。

由于任何节点都拥有 parentNode 属性,只要搜索条件满足,子节点可以通过 parentNode 属性一直往上搜索,直到找到节点 body 为止,如 chap4_8.html 文件所示。

【案例】 使用 parentNode 属性,运行结果如图 4-8 所示。

图 4-8 利用 parentNode 属性获取满足一定条件的父节点

新建页面文件 chap4_8.html,代码如下:

```
<html>
  <head>
    <title>parentNode</title>
    <script>
    function myDOMInspector(){
        var myItem = document.getElementById("myDearball");
        var parentElm = myItem.parentNode;
        while(parentElm.className != "ball" && parentElm != document.body)
            parentElm = parentElm.parentNode;   //一路往上找
        alert(parentElm.tagName);
    }
    </script>
  </head>
  <body onload="myDOMInspector()">
    <div class="ball">
        <ul>
            <li>乒乓球</li>
            <li>羽毛球</li>
            <li>足球</li>
            <li id="myDearball">篮球</li>
            <li>橄榄球</li>
        </ul>
    </div>
  </body>
</html>
```

在本案例中,依然是通过 document.getElementById("myDearball")语句找到代码语句<li id="myDearball">篮球</li>的元素节点<li>,再通过该节点的 parentNode 属性,成功获得该<li>节点的父节点,但如果这个父节点的类别样式不是 ball 则通过循环语句 while 语句一路向上搜索父节点,直到节点的 CSS 类名称为 ball 或者<body>为止。

在 DOM 模型中父子关系属于两个不同层次之间的关系,而在同一个层中常用到的便是兄弟关系。DOM 同样提供了一些属性和方法来处理兄弟之间的关系,简单的示例如以下案例文件 chap4_9.html 所示。

【案例】 通过 nextSibling 和 previousSibling 属性访问兄弟节点。

本案例采用 nextSibling 和 previousSibling 属性访问兄弟节点,在 IE 浏览器和 Chrome 浏览器中的浏览效果均如图 4-9 所示。

图 4-9 通过 **nextSibling** 和 **previousSibling** 属性访问兄弟节点

新建页面文件 chap4_9.html,代码如下:

```html
<html>
  <head>
    <title>通过 nextSibling 和 previousSibling 属性访问兄弟节点</title>
    <script>
      function nextSib(node){
          var tempLast = node.parentNode.lastChild;
          //判断是否是最后一个节点,如果是则返回 null
          if(node == tempLast)
              return null;
          var tempObj = node.nextSibling;
          //逐一搜索后面的兄弟节点,直到发现元素节点为止
          while(tempObj.nodeType!= 1 && tempObj.nextSibling!= null)
              tempObj = tempObj.nextSibling;
          //三目运算符,如果是元素节点则返回节点本身,否则返回 null
          return (tempObj.nodeType == 1)?tempObj:null;
      }
      function prevSib(node){
          var tempFirst = node.parentNode.firstChild;
          //判断是否是第一个节点,如果是则返回 null
          if(node == tempFirst)
              return null;
          var tempObj = node.previousSibling;
          //逐一搜索前面的兄弟节点,直到发现元素节点为止
          while(tempObj.nodeType!= 1 && tempObj.previousSibling!= null)
              tempObj = tempObj.previousSibling;
          return (tempObj.nodeType == 1)?tempObj:null;
      }
      function myDOMInspector(){
          var myItem = document.getElementById("myDearball");
```

```
                //获取后一个元素兄弟节点
                var nextListItem = nextSib(myItem);
                //获取前一个元素兄弟节点
                var preListItem = prevSib(myItem);
                alert("后一项:" + ((nextListItem!= null)?nextListItem.firstChild.nodeValue:null) +
                " 前一项:" + ((preListItem!= null)?preListItem.firstChild.nodeValue:null) );
            }
        </script>
    </head>
    < body onload = "myDOMInspector()">
        < ul >
            <li>乒乓球</li>
            <li>羽毛球</li>
            <li>足球</li>
            < li id = "myDearball">篮球</li>
            <li>橄榄球</li>
        </ul>
    </body>
</html>
```

本案例中有这样一段代码 tempObj.nodeType!=1,该代码中利用 nodeType 属性对节点类型进行判断,如果节点类型不为 1,则代表着该节点不是元素节点,然后接着搜索,直到发现元素节点为止。如此一来,浏览器中的空格节点问题就得到了很好的解决,前面案例文件 chap4_6.html 中的问题也可以迎刃而解,修改后的程序见以下案例文件 chap4_10.html。

【案例】 通过 nodeType 属性消除空格节点的影响,最终浏览效果如图 4-10 所示。

图 4-10 通过 **nodeType** 属性消除空格节点的影响

新建页面文件 chap4_10.html,代码如下:

```
< html >
  < head >
    <title>消除空格节点</title>
    < script >
    function myDOMInspector(){
        var oUl = document.getElementById("sonList");
        var DOMString = "";
        if(oUl.hasChildNodes()){
```

```
                var oCh = oUl.childNodes;
                for(var i = 0;i<oCh.length;i++)
                    if (oCh[i].nodeType == 1)      //判断节点是否为元素节点
                        DOMString += oCh[i].nodeName + "\n";
            }
            alert(DOMString);
        }
    </script>
</head>
<body onload = "myDOMInspector()">
    <ul id = "sonList">
        <li>乒乓球</li>
        <li>羽毛球</li>
        <li>足球</li>
        <li>篮球</li>
        <li>橄榄球</li>
    </ul>
</body>
</html>
```

## 4.3.5 设置节点属性

在找到需要的节点之后通常希望对其属性做相应的设置，在 DOM 中定义了两个方法可便捷地查询和设置节点的属性，即 getAttribute() 方法和 setAttribute() 方法。

getAttribute() 方法只有一个参数即要查询的属性名称。需要注意的是该方法不能通过 document 对象调用，只能通过一个元素节点对象来调用。下面的例子中介绍了怎么用该方法来获取图片的 title 属性。

【案例】 用 getAtrribute() 方法获取节点的属性。

在本案例中首先通过 getElementByTagName() 方法在 DOM 中将图片找到，然后再利用 getAttribute() 方法读取图片的 title 属性，运行结果如图 4-11 所示。

新建页面文件 chap4_11.html，代码如下：

```
<html>
  <head>
    <title>getAttribute()</title>
    <script>
    function myDOMInspector(){
        //获取图片
        var myImg = document.getElementsByTagName("img")[0];
        //获取图片 title 属性
        alert(myImg.getAttribute("title"));
    }
    </script>
  </head>
<body onload = "myDOMInspector()">
    <img src = "莫高窟.jpg" title = "莫高窟" width = "600px" height = "400px" />
```

```
        </body>
</html>
```

图 4-11　用 getAtrribute()方法获取节点的属性

除了获取属性外,利用另外一个方法 setAttribute()可以修改节点的相关属性。setAttribute()方法接收两个参数,第 1 个参数为属性的名称,第 2 个参数为要修改的值。

【案例】　用 setAttribute()方法设置节点的属性。

本案例为＜img＞标记增添了 onclick 函数,单击图片后再利用 setAttribute()方法来替换图片的 src、title、width、height 属性,从而实现了单击切换的效果,如图 4-12(a)所示是单击前的效果,如图 4-12(b)所示是单击后的效果。

(a) 单击前　　　　　　　　　　　　(b) 单击后

图 4-12　单击图片实现切换的效果

这种单击图片直接更换的效果也是网络相册上经常使用的，通过 setAttribute() 方法更新元素的各种属性来获得友好的用户体验。

新建页面文件 chap4_12.html，代码如下：

```html
<html>
  <head>
    <title>setAttribute()</title>
    <script>
    function changePic(){
        //获取图片
        var myImg = document.getElementsByTagName("img")[0];
        //设置图片 src 和 title 属性
        myImg.setAttribute("src","沙漠.jpg");
        myImg.setAttribute("title","沙漠");
        myImg.setAttribute("width","300px");
        myImg.setAttribute("height","200px");
    }
    </script>
  </head>
  <body>
    <img src="莫高窟.jpg" title="莫高窟" width="600px" height="400px"
    onclick="changePic()" />
  </body>
</html>
```

### 4.3.6 创建和添加节点

除了查找节点并处理节点的属性外，DOM 同样提供了很多方法以便捷地来管理节点，主要包括创建、删除、替换和插入等操作。

创建节点的过程在 DOM 中比较规范，而且对于不同类型的节点方法还略有区别。例如创建元素节点采用 createElement() 方法，创建文本节点用 createTextNode() 方法，以及创建文档碎片节点采用 createDocumentFragment() 方法等。假设有如下 HTML 文档。

```html
<html>
  <head>
    <title>创建新节点</title>
  </head>
  <body>
  </body>
</html>
```

希望在<body>中动态地添加如下代码。

```html
<p>这是一段感人的故事</p>
```

便可以利用刚才提到的两个方法来完成，首先利用 createElement() 创建<p>元素，代

码如下:

```
var oP = document.createElement("p");
```

然后利用createTextNode()方法创建文本节点,并利用appendChild()方法将其添加到oP节点的childNodes列表的最后,代码如下:

```
var oText = document.createTextNode("添加一个段落");
oP.appendChild(oText);
```

最后再将已经包含了文本节点的元素<p>节点添加到<body>中,仍然采用appendChild()方法,代码如下:

```
document.body.appendChild(oP);
```

这样便完成了<body>中<p>元素的创建,如果希望考察appendChild()方法添加对象的位置,可以在<body>中预先设置一段文本,就会发现appendChild()方法添加的位置永远是在节点childNodes列表的尾部。完整代码见以下案例文件chap4_13.html。

【案例】 DOM创建并添加新节点,运行结果如图4-13所示,<p>标签被成功地添加到了<body>的末尾。

图4-13 DOM创建并添加新节点

新建页面文件chap4_13.html,代码如下:

```
<html>
  <head>
    <title>创建新节点</title>
    <script>
    function createP(){
        var oP = document.createElement("p");
        var oText = document.createTextNode("添加一个段落");
        oP.appendChild(oText);
        document.body.appendChild(oP);
    }
    </script>
```

```
    </head>
    <body onload = "createP()">
        <p>事先写一行文字在这里,测试 appendChild()方法的添加位置</p>
        <p>事先写一行文字在这里,测试 appendChild()方法的添加位置 1</p>
        <p>事先写一行文字在这里,测试 appendChild()方法的添加位置 3</p>
    </body>
</html>
```

## 4.3.7 删除节点

利用 DOM 能够添加节点自然也能够删除节点。删除节点是通过父节点的 removeChild()方法来完成的,通常的方法是找到要删除的节点,然后利用 parentNode 属性找到父节点,然后将其删除。

【案例】 DOM 删除节点。

本案例代码十分简洁,运行之后浏览器中能看到两行文字,但只要在第一行文字上单击,第一行文字就没了,其原因就是在第一行文字上添加了行为 onclick="deleteP()"。deleteP()函数通过语句 var oP = document.getElementsByTagName("p")[0]找到第一个段落标签<p>,即第一行文字,然后通过语句 oP.parentNode.removeChild(oP)删除第一行文字。

如图 4-14(a)和图 4-14(b)所示,是在第一行文字上单击前后的对比。

图 4-14 利用 DOM 删除节点

新建页面文件 chap4_14.html,代码如下:

```
<html>
    <head>
        <title>删除节点</title>
        <script language = "javascript">
        function deleteP(){
            var oP = document.getElementsByTagName("p")[0];
            oP.parentNode.removeChild(oP);    //删除节点
        }
        </script>
    </head>
    <body>
        <p onclick = "deleteP()">这行文字你一会就看不到了</p>
        <p>这行文字一直在</p>
    </body>
</html>
```

### 4.3.8 替换节点

有时不只是进行添加和删除操作，而是需要替换页面中的某个元素，DOM 提供了 replaceChild() 方法来完成这项任务。该方法同样是针对要替换节点的父节点来操作的。

【案例】 通过 replaceChild() 方法替换节点

本案例首先创建了一个新的 <p> 节点，然后利用 oOldP 父节点的 replaceChild() 方法将 oOldP 替换成了 oNewP，运行结果如图 4-15 所示。

图 4-15 通过 replaceChild() 方法替换节点

新建页面文件 chap4_15.html，代码如下：

```html
<html>
  <head>
    <title>替换节点</title>
    <script language="javascript">
    function replaceP(){
        var oOldP = document.getElementsByTagName("p")[0];
        var oNewP = document.createElement("p");
        var oText = document.createTextNode("我来替代原先的文字");
        oNewP.appendChild(oText);
        oOldP.parentNode.replaceChild(oNewP,oOldP);   //替换节点
    }
    </script>
  </head>
  <body onload="replaceP()">
    <p>这行文字被替换了</p>
  </body>
</html>
```

### 4.3.9 在特定节点前插入节点

之前介绍了如何将新创建的元素 <p> 插入到了 <body> 子节点到列表的末尾，如果希望这个节点能够插入到已知节点之前，则可以采用 insertBefore() 方法。与 replaceChild() 方法一样，该方法同样接收两个参数，一个参数是新节点，另一个参数是目标节点。

【案例】 在已知节点前插入新节点。

同样是新建一个元素节点，然后利用 insertBefore() 方法将节点插入到目标节点之前，运行结果如图 4-16 所示。

新建页面文件 chap4_16.html，代码如下：

图 4-16　通过 insertBefore() 方法在已知节点前插入新节点

```
<html>
  <head>
    <title>在已知节点前插入新节点</title>
    <script language = "javascript">
    function insertP(){
        var oOldP = document.getElementsByTagName("p")[0];
        var oNewP = document.createElement("p");     //新建节点
        var oText = document.createTextNode("在已知节点前插入新节点");
        oNewP.appendChild(oText);
        oOldP.parentNode.insertBefore(oNewP,oOldP);   //插入节点
    }
    </script>
  </head>
  <body onload = "insertP()">
    <p>插入到这行文字之前</p>
  </body>
</html>
```

通常在将节点添加到实际页面中时，页面就会立即更新并反映出这个变化。对于少量的更新前面介绍的节点添加的方法是比较实用的，而一旦添加的节点比较多时，页面执行的效率就会降低。

通常解决方法是创建一个文档碎片，把新的节点先添加到该碎片上，然后再一次添加到实际的页面中，具体内容见案例文件 chap4_17.thml。

【案例】　用 DOM 的文档碎片提高页面执行效率。

运行结果如图 4-17 所示，可见执行的效率比较高。

新建页面文件 chap4_17.html，代码如下：

```
<html>
  <head>
    <title>文档碎片</title>
    <style type = "text/css">
        P { padding:2px; margin:0px; }
    </style>
    <script language = "javascript">
    function insertPs(){
        var aColors = ["red","green","blue","magenta","yellow","chocolate","black",
"aquamarine","lime","fuchsia","brass","azure","brown","bronze","deeppink",
"aliceblue","gray","copper","coral","feldspar","orange","orchid","pink","plum",
"quartz","purple"];
```

```
            var oFragment = document.createDocumentFragment();
            for(var i = 0;i< aColors.length;i++){
                var oP = document.createElement("p");
                var oText = document.createTextNode(aColors[i]);
                oP.appendChild(oText);
                oFragment.appendChild(oP);
            }
            document.body.appendChild(oFragment);
        }
    </script>
</head>
< body onload = "insertPs()">
</body>
</html>
```

图 4-17　用 DOM 的文档碎片提高页面执行效率

### 4.3.10　在特定节点后插入节点

使用 DOM 提供的插入方法一般只能往目标元素之前（用 insertBefore()方法）插入新的元素，或者是利用 appendChild()方法在父元素的 childNodes 末尾添加新元素。实际情况往往需要往某个特定元素之后插入新的元素，而 DOM 本身没有提供 insertAfter()方法。但是完全可以利用现有的知识自行编写以完成相应的功能，代码如下：

```
function insertAfter(newElement, targetElement){
    var oParent = targetElement.parentNode;//首先找到目标元素的父元素
    if(oParent.lastChild == targetElement) //如果目标元素已经是最后一个子元素了
        oParent.appendChild(newElement);     //则直接用 appendChild()加到子元素列表的最后
    else                                     //否则用 insertBefore()插入到目标元素的下一个
                                             //兄弟元素之前
        oParent.insertBefore(newElement,targetElement.nextSibling);
}
```

以上函数的每一行代码都有注释,思路清晰,即首先判断目标节点是否是其父节点的最后一个子节点,如果是则直接用 appendChild()方法,否则利用 nextSibling 找到下一个兄弟节点,然后再用 insertBefore()方法插入节点。完整代码见案例文件 chap4_18.html。

【案例】 在特定节点后插入节点。

运行结果如图 4-18 所示,可以看到新建的元素<p>成功地插入到了目标元素之后,比较实用。

图 4-18 在特定节点后插入节点

新建页面文件 chap4_18.html,代码如下:

```
<html>
  <head>
    <title>在特定节点后插入节点</title>
    <script>
    function insertAfter(newElement, targetElement){
        var oParent = targetElement.parentNode;
        if(oParent.lastChild == targetElement)
            oParent.appendChild(newElement);
        else
        oParent.insertBefore(newElement,targetElement.nextSibling);
    }
    function insertP(){
        var oOldP = document.getElementById("pTarget");
        var oNewP = document.createElement("p");      //新建节点
        var oText = document.createTextNode("我要插入到段落 P1 和 P2 之间");
        oNewP.appendChild(oText);
        insertAfter(oNewP,oOldP);                     //插入节点
    }
    </script>
  </head>
  <body onload = "insertP()">
    <p id = "pTarget">我是段落 P1 </p>
    <p>我是段落 P2 </p>
</body></html>
```

## 4.4 使用非标准 DOM innerHTML 属性

innerHTML 属性表示某个标记之间的所有内容,包括代码本身。该属性可以读取,同时也可以加以设置。innerHTML 属性虽然不属于标准 DOM 方法,但由于使用方便,也得

到了目前主流浏览器的支持。

【案例】 使用标记的 innerHTML 属性。

页面效果如图 4-19 所示。

(a)

(b)

图 4-19 使用标记的 innerHTML 属性

新建页面文件 chap4_19.html,代码如下:

```
<html>
  <head>
    <title>innerHTML</title>
    <script language="javascript">
    function myDOMInnerHTML(){
        var myDiv = document.getElementById("myTest");
        alert(myDiv.innerHTML);   //直接显示 innerHTML 的内容
        //修改 innerHTML,可直接添加代码
        myDiv.innerHTML = "<img src='莫高窟.jpg' title='莫高窟'>";
    }
    </script>
```

```
        </head>
        <body onload = "myDOMInnerHTML()">
            <div id = "myTest">
                <span>初识内容 1</span>
                <p>初识内容 2</p>
            </div>
        </body>
</html>
```

本案例首先读取文档中<div>块的 innerHTML 属性,可以看到该属性包含了所有<div>标记中的内容,包括代码。在读取该属性的内容后,以上代码又直接修改了<div>块的 innerHTML 属性,将其替换成一幅图片。

## 4.5　DOM 与 CSS

CSS 是通过标记、类型、ID 等属性来设置元素的样式风格的,DOM 则是通过 HTML 的框架来实现对各个节点操作的。单从对 HTML 页眉的结构分析来看,二者是完全相同的。本节将再次回顾标准 Web 三位一体的页面结构,并简单介绍 className 的运用。

### 4.5.1　三位一体的页面

在前面曾经提到过结构、表现、行为三者的分离,如今对 JavaScript、CSS 和 DOM 有了新的认识,再重新审视以下这种思路,会感到更加清晰。

网页的结构(structure)层由 HTML 或者 XHTML 之类的标记语言负责创建,标签(tag)则用于对页面各个部分的含义做出描述,例如<ul>标签表示这是一个无序的项目列表,代码如下:

```
<ul>
    <li>足球</li>
    <li>篮球</li>
    <li>羽毛球</li>
</ul>
```

页面的表现(presentation)层由 CSS 来创建,即如何显示这些内容,例如颜色采用蓝色,字体为 Arial,粗体显示,代码如下:

```
.ysUL1{
    color:#0000FF;
    font-family:Arial;
    font-weight:bold;    }
```

行为(behavior)层负责内容应该如何对事件做出反应,这正是通过 JavaScript 和 DOM 来完成的,例如当用户单击项目列表时,弹出对话框,代码如下:

```
function check(){
var oMy = document.getElementsByTagName("ul")[0];
alert( "你单击了这个项目列表");    }

<ul onclick = "check()" class = "ysUL1">
    <li>足球</li>
    <li>篮球</li>
    <li>羽毛球</li>
</ul>
```

网页的表现层和行为层总是存在的，即使没有明确地给出具体的定义和指令。因为Web浏览器会把它的默认样式和默认事件加载到网页的结构层上。例如浏览器会在呈现文本的地方弹出 title 属性的提示框等。

当然这 3 种技术也有一定的重叠，例如用 DOM 来改变页面的结构层，而 CSS 中也有":hover"这样的伪属性用来控制鼠标指针滑过某个元素时的样式。

到此我们会发现结构、样式、行为对于网站而言是缺一不可的。

### 4.5.2　使用 className 属性

前面提到的 DOM 都是与结构层打交道的，例如查找节点、添加节点等，而 DOM 还有一个非常实用的 className 属性，可以修改一个节点的 CSS 类别，见下面案例中的页面文件 chap4_20.html。

【案例】　用 className 属性修改节点的 CSS 类别。

本案例中，当浏览网页并单击列表时，会发现列表的样式发生了改变，其实就是将<ul>标记的 className 属性进行了修改，用 ysUL2 覆盖了 ysUL1，可以看到项目列表的颜色、字体和粗细均发生了变化，如图 4-20 所示。

图 4-20　用 className 属性修改节点的 CSS 类别

新建页面文件 chap4_20.html，代码如下：

```
<html>
  <head>
    <title>className 属性</title>
    <style type = "text/css">
    .ysUL1{
        color:#0000FF;
        font-family:Arial;
        font-weight:bold;
```

```
        }
        .ysUL2{
            color:#FF0000;
            font-family:Georgia, "Times New Roman", Times, serif;
        }
      </style>
      <script>
      function check(){
          var oMy = document.getElementsByTagName("ul")[0];
          oMy.className = "ysUL2";}
      </script>
    </head>
    <body>
        <ul onclick="check()" class="ysUL1">
            <li>足球</li>
            <li>篮球</li>
            <li>羽毛球</li>
        </ul>
    </body>
</html>
```

从该案例可以很清晰地看到,修改 className 属性是对 CSS 样式进行替换,而不是添加,但很多时候并不希望将原有的 CSS 样式覆盖,这时完全可以采用追加方式,前提是保证追加的 CSS 类别中的各个属性与原先的属性不重复,代码如下:

```
oMy.className += " myUL2";
```

【案例】 追加 CSS 类别。

代码的显示效果既保持了 ysUL1 中的所有设置,又追加了 ysUL2 中所设置的下划线,如图 4-21 所示。

图 4-21 追加 CSS 类别

新建页面文件 chap4_21.html,代码如下:

```
<html>
  <head>
    <title>追加 CSS 类别</title>
    <style type="text/css">
    .ysUL1{
```

```
            color:#0000FF;
            font-family:Arial;
            font-weight:bold;
        }
        .ysUL2{
            text-decoration:underline;
        }
    </style>
    <script>
    function check(){
        var oMy = document.getElementsByTagName("ul")[0];
        oMy.className += " ysUL2";    //追加 CSS 类
    }
    </script>
</head>

<body>
    <ul onclick="check()" class="ysUL1">
        <li>足球</li>
        <li>篮球</li>
        <li>羽毛球</li>
    </ul>
</body>
</html>
```

运行时当单击项目列表后,实际上<ul>的 class 属性追加了 ysUL2 样式,即

```
<ul onclick="check()" class="ysUL1  ysUL2">
```

## 课后练习

1. 在 kehou1.html 网页中添加行为代码,实现单击不同的图片显示不同图片的样式介绍(如单击图片 1,弹出窗口显示该图片所用的样式为 test1)。

2. 在 kehou2.html 网页中添加行为代码,实现删除第二段文字。

3. 在 kehou3.html 网页中添加行为代码,实现单击图片后将图片替换为 grape.jpg。

4. 在 kehou4.html 网页中添加行为代码,实现单击图片后在图片后添加一段文字"这是葡萄"。

# 第 5 章
# JavaScript 中的对象

Chapter 5

| 学习目标 | 理解对象的概念；<br>掌握 JavaScript 对象的创建和应用；<br>熟练掌握 JavaScript 的编程方法。 |

## 5.1 对象的基本概念

现实生活中，一个人，一辆车都可以看作是一个对象。对象有它的属性，如人的属性有姓名、性别、身高、体重，方法有行走、工作等。车的属性有重量、颜色、载客数等，方法有启动、停止等。

JavaScript 是面向对象的编程语言（OOP），因此其提供了非常强大的对象功能。JavaScript 中的所有事物都是对象，如字符串、数字、数组、日期等，对象是拥有属性和方法的数据，很多实用性的功能必须要依靠对象才能实现。

### 5.1.1 对象的属性和方法

对象可以看成是一种特殊的数据，每一个对象一般会包括多个属性和方法。属性是指与对象有关的值，其表现形式一般为变量；方法指对象可以执行的行为，其表现形式一般为函数。在面向对象的语言中，属性和方法常被称为对象的成员。

例如，飞机就是现实生活中的对象，飞机的属性包括机型、大小、载客量、航程距离等，而飞机的方法则包括起飞、降落、航行等。

### 5.1.2 对象的创建

JavaScript 提供了很多已经定义好的内部对象，同时也允许用户自定义对象。
语法格式如下：

```
对象名称 = new Object();
对象名称.属性 = 值;
对象名称.方法名 = function(){
    //为对象添加方法
}
```

访问对象的属性和方法如下：

```
对象名称.属性
对象名称.方法名()
```

【案例】 创建 JavaScript 对象。

在本案例中将创建一个飞机对象,并添加 3 个属性和 2 个方法。显示效果如图 5-1 所示。

图 5-1 创建飞机对象

新建文件 chap5_1.html,代码如下:

```html
<html>
  <head>
    <meta http-equiv="Content-Type" content="text/html;charset=utf-8" />
    <title>创建飞机对象</title>
    <script>
      var plane = new Object();
      plane.name = "波音 747";  //为对象添加属性
      plane.passengers = "360~400 人";
      plane.Distance = "13570 公里";
      plane.fly = function(){  //为对象添加方法
        document.write("飞行目的地:佛罗里达州<br>");
      }
      plane.flytime = function(){
        document.write("飞行时间:17 个小时<br>");
      }
    </script>
  </head>
  <body>
    <script>
      document.write(plane.name + "<br>");
      plane.fly();
      plane.flytime();
    </script>
  </body>
</html>
```

## 5.2 内置对象

JavaScript 提供多个内置对象,比如 String、Date、Array 等,这些对象不用自己定义可以直接创建并调用。

## 5.2.1 字符串对象(String)

字符串对象用于处理文本,即字符串类型的数据。

**1. 字符串对象的创建**

创建字符串对象的语法如下:

```
new String(s);
```

或

```
String(s);
```

其中,参数 s 是要存储在字符串对象中或转换成原始字符串的值。字符串对象也可以直接通过字符串变量来引用,即在没有创建字符串对象的情况,可直接引用字符串变量。

**2. 字符串对象的属性**

字符串对象的属性比较少,其中 length 属性可返回字符串中的字符数目。

**3. 字符串对象的方法**

字符串对象常用的方法见表 5-1。

表 5-1 字符串对象常用的方法

| 方法 | 描述 |
| --- | --- |
| charAt() | 返回在指定位置的字符 |
| concat() | 连接字符串 |
| fontcolor() | 使用指定的颜色来显示字符串 |
| fontsize() | 使用指定的尺寸来显示字符串 |
| indexOf() | 检索字符串 |
| lastIndexOf() | 从后向前搜索字符串 |
| link() | 将字符串显示为链接 |
| match() | 找到一个或多个正则表达式的匹配 |
| replace() | 替换与正则表达式匹配的子串 |
| search() | 检索与正则表达式相匹配的值 |
| split() | 把字符串分割为字符串数组 |
| substring() | 提取字符串中两个指定的索引号之间的字符 |
| toLocaleLowerCase() | 把字符串转换为小写 |
| toLocaleUpperCase() | 把字符串转换为大写 |
| toLowerCase() | 把字符串转换为小写 |
| toUpperCase() | 把字符串转换为大写 |

【案例】 字符串对象的应用。

本案例实现在文本框中输入字符串,当文本框失去焦点时显示字符串长度,并将输入文本转换为大写。显示效果如图 5-2 所示。

图 5-2　字符串对象的应用

新建文件 chap5_2.html，代码如下：

```
<html>
  <head>
    <meta http-equiv="Content-Type" content="text/html; charset=utf-8" />
    <script>
      function Stringfun()
      {
        var x = document.getElementById("s");

        document.write("输入的字符串为:" + x.value + "<br>");
        document.write("字符串长度:" + x.value.length + "<br>");
        x.value = x.value.toUpperCase();
        document.write("字符串转换为大写:" + x.value + "<br>");
      }
    </script>
    <title>字符串对象</title>
  </head>
  <body>
    请输入英文字符:<input type="text" id="s" onChange="Stringfun()">
  </body>
</html>
```

## 5.2.2　数字对象（Number）

在 JavaScript 中，数字是一种基本的数据类型。JavaScript 支持 Number 对象，该对象是原始数值的包装对象。在必要时，JavaScript 会自动地在原始数据和对象之间转换。

**1. 数字对象的创建**

数字对象的创建格式如下：

```
new Number(值);
```

或

```
Number(值);
```

其中的参数是要创建的 Number 对象的数值,或是要转换成数字的值。

当 Number()和运算符 new 一起作为构造函数使用时,它返回一个新创建的 Number 对象。如果不用 new 运算符,把 Number()作为一个函数来调用,它将把自己的参数转换成一个原始的数值,并且返回这个值(如果转换失败,则返回 NaN)。

**2. 数字对象的属性**

数字对象的常见属性见表 5-2。

表 5-2　数字对象的常见属性

| 属　　性 | 描　　述 |
| --- | --- |
| constructor | 返回对创建此对象的 Number 函数的引用 |
| MAX_VALUE | 可表示的最大的数 |
| MIN_VALUE | 可表示的最小的数 |
| NaN | 非数字值 |
| NEGATIVE_INFINITY | 负无穷大,溢出时返回该值 |
| POSITIVE_INFINITY | 正无穷大,溢出时返回该值 |
| prototype | 使您有能力向对象添加属性和方法 |

**3. 数字对象的方法**

数字对象的常见方法见表 5-3。

表 5-3　数字对象的常见方法

| 方　　法 | 描　　述 |
| --- | --- |
| toString() | 把数字转换为字符串,使用指定的基数 |
| toLocaleString() | 把数字转换为字符串,使用本地数字格式顺序 |
| toFixed() | 把数字转换为字符串,结果的小数点后有指定位数的数字 |
| toExponential() | 把对象的值转换为指数记数法 |
| toPrecision() | 把数字格式化为指定的长度 |
| valueOf() | 返回一个 Number 对象的基本数字值 |

【案例】　数字对象的应用。

本案例完成将文本框输入的字符串转化为数字,并进行加法运算。显示效果如图 5-3 所示。

图 5-3　数字对象的应用

新建文件 chap5_3.html,代码如下:

```html
<html>
  <head>
    <meta http-equiv="Content-Type" content="text/html; charset=utf-8" />
    <script>
      function jisuan()
      {
        var num1 = Number(document.getElementById("n1").value);
        var num2 = Number(document.getElementById("n2").value);
        sum = num1 + num2;
        document.getElementById("sum").value = sum;
      }
    </script>
    <title>数字对象</title>
  </head>
  <body>
    <input name="n1" type="text" id="n1"   size="8">
     +
    <input name="n2" type="text" id="n2"   size="8">
     =
    <input name="sum" type="text" id="sum"   size="8">
    <input type="submit" name="button" id="button" value="计算" onclick="jisuan()">
  </body>
</html>
```

### 5.2.3 算数对象（Math）

算数对象用于执行常见的算数任务。算数对象并不像字符串那样是对象的类,因此没有构造函数 Math(),像 Math.sin() 这样的函数只是函数,不是某个对象的方法,因此无须创建它,通过把算数作为对象使用就可以调用其所有属性和方法。

**1. 使用算数对象的属性和方法的语法**

```
var 变量名 = Math.PI;
var 变量名 = Math.sqrt(15);
```

**2. 算数对象的属性**

算数对象的常见属性见表 5-4。

表 5-4　算数对象的常见属性

| 属　　性 | 描　　述 |
| --- | --- |
| E | 返回算术常量 e,即自然对数的底数（约等于 2.718） |
| LN2 | 返回 2 的自然对数（约等于 0.693） |
| LN10 | 返回 10 的自然对数（约等于 2.302） |
| LOG2E | 返回以 2 为底的 e 的对数（约等于 1.414） |
| LOG10E | 返回以 10 为底的 e 的对数（约等于 0.434） |

续表

| 属 性 | 描 述 |
|---|---|
| PI | 返回圆周率(约等于3.14159) |
| SQRT1_2 | 返回2的平方根的倒数(约等于0.707) |
| SQRT2 | 返回2的平方根(约等于1.414) |

### 3. 算数对象的方法

算数对象的常见方法见表5-5。

表5-5 算数对象的常见方法

| 方 法 | 描 述 |
|---|---|
| abs(x) | 返回数的绝对值 |
| acos(x) | 返回数的反余弦值 |
| asin(x) | 返回数的反正弦值 |
| atan(x) | 以介于-PI/2与PI/2弧度之间的数值来返回x的反正切值 |
| atan2(y,x) | 返回从x轴到点(x,y)的角度(介于-PI/2与PI/2弧度之间) |
| ceil(x) | 对数进行上舍入 |
| cos(x) | 返回数的余弦 |
| exp(x) | 返回e的指数 |
| floor(x) | 对数进行下舍入 |
| log(x) | 返回数的自然对数(底为e) |
| max(x,y) | 返回x和y中的最高值 |
| min(x,y) | 返回x和y中的最低值 |
| pow(x,y) | 返回x的y次幂 |
| random() | 返回0~1之间的随机数 |
| round(x) | 把数四舍五入为最接近的整数 |
| sin(x) | 返回数的正弦 |
| sqrt(x) | 返回数的平方根 |
| tan(x) | 返回角的正切 |
| toSource() | 返回该对象的源代码 |
| valueOf() | 返回Math对象的原始值 |

【案例】 算数对象的应用。

本案例中将产生2个介于0和10之间的随机数,并比较二者大小,显示效果如图5-4所示。

图5-4 算数对象的应用

新建文件 chap5_4.html, 代码如下:

```html
<html>
  <head>
    <meta http-equiv="Content-Type" content="text/html; charset=utf-8" />
    <script>
      function suijishu()
      {
        var num1 = Math.floor(Math.random() * 11);
        var num2 = Math.floor(Math.random() * 11);
        document.getElementById("n1").value = num1;
        document.getElementById("n2").value = num2;
        document.getElementById("max").value = Math.max(num1,num2);
      }
    </script>
    <title>算数对象</title>
  </head>
  <body>
    随机数1
    <input name="n1" type="text" id="n1"  size="8">
      随机数2
    <input name="n2" type="text" id="n2"  size="8">
      最大数=
    <input name="max" type="text" id="max"  size="8">
      
    <input type="submit" name="button" id="button" value="产生随机数" onClick="suijishu()">
  </body>
</html>
```

### 5.2.4 日期对象(Date)

日期对象用于处理日期和时间。

**1. 日期对象的创建**

日期对象的创建格式如下:

```
new Date()
```

日期对象创建后会返回一个日期型的变量,并自动把当前日期和时间保存为其初始值。

**2. 日期对象的方法**

日期对象的常用方法比较多,主要有两大类,一类是获取各种形式的日期和时间,另一类是设置日期和时间,日期对象常用的方法见表5-6。

表 5-6  日期对象常用的方法

| 方　　法 | 描　　述 |
| --- | --- |
| Date() | 返回当前的日期和时间 |
| getDate() | 从日期对象返回一个月中的某一天(1~31) |
| getDay() | 从日期对象返回一周中的某一天(0~6) |
| getMonth() | 从日期对象返回月份(0~11) |
| getFullYear() | 从日期对象以四位数字返回年份 |
| getHours() | 返回日期对象的小时(0~23) |
| getMinutes() | 返回日期对象的分钟(0~59) |
| getSeconds() | 返回日期对象的秒数(0~59) |
| getMilliseconds() | 返回日期对象的毫秒(0~999) |
| getTime() | 返回1970年1月1日至今的毫秒数 |
| getTimezoneOffset() | 返回本地时间与格林威治标准时间(GMT)的分钟差 |
| getUTCDate() | 根据世界时从日期对象返回月中的一天(1~31) |
| getUTCDay() | 根据世界时从日期对象返回周中的一天(0~6) |
| getUTCMonth() | 根据世界时从日期对象返回月份(0~11) |
| getUTCFullYear() | 根据世界时从日期对象返回四位数的年份 |
| getUTCHours() | 根据世界时返回日期对象的小时(0~23) |
| getUTCMinutes() | 根据世界时返回日期对象的分钟(0~59) |
| getUTCSeconds() | 根据世界时返回日期对象的秒数(0~59) |
| getUTCMilliseconds() | 根据世界时返回日期对象的毫秒(0~999) |
| setDate() | 设置日期对象中月的某一天(1~31) |
| setMonth() | 设置日期对象中月份(0~11) |
| setFullYear() | 设置日期对象中的年份(四位数字) |
| setHours() | 设置日期对象中的小时(0~23) |
| setMinutes() | 设置日期对象中的分钟(0~59) |
| setSeconds() | 设置日期对象中的秒数(0~59) |
| setMilliseconds() | 设置日期对象中的毫秒(0~999) |
| setTime() | 以毫秒设置日期对象 |
| setUTCDate() | 根据世界时设置日期对象中月份的一天(1~31) |
| setUTCMonth() | 根据世界时设置日期对象中的月份(0~11) |
| setUTCFullYear() | 根据世界时设置日期对象中的年份(四位数字) |
| setUTCHours() | 根据世界时设置日期对象中的小时(0~23) |
| setUTCMinutes() | 根据世界时设置日期对象中的分钟(0~59) |
| setUTCSeconds() | 根据世界时设置日期对象中的秒数(0~59) |
| setUTCMilliseconds() | 根据世界时设置日期对象中的毫秒(0~999) |
| toString() | 把日期对象转换为字符串 |
| toTimeString() | 把日期对象的时间部分转换为字符串 |
| toDateString() | 把日期对象的日期部分转换为字符串 |
| toUTCString() | 根据世界时,把日期对象转换为字符串 |
| toLocaleString() | 根据本地时间格式,把日期对象转换为字符串 |
| toLocaleTimeString() | 根据本地时间格式,把日期对象的时间部分转换为字符串 |
| toLocaleDateString() | 根据本地时间格式,把日期对象的日期部分转换为字符串 |
| UTC() | 根据世界时返回1997年1月1日到指定日期的毫秒数 |

【案例】 显示时间。

本案例实现如何在网页上显示时间,页面效果如图5-5所示。

图 5-5 显示时间

新建文件 chap5_5.html,代码如下:

```
<html>
  <head>
    <meta http-equiv="Content-Type" content="text/html; charset=utf-8" />
    <script type="text/javascript">
      function showTime()
      {
        var today = new Date()
        var h = today.getHours()
        var m = today.getMinutes()
        var s = today.getSeconds()
        m = addTime(m)
        s = addTime(s)
        document.getElementById('time').innerHTML = h + ":" + m + ":" + s
        t = setTimeout('showTime()',500)
      }
      function addTime(i)
      {
        if (i<10)
        {i = "0" + i}
        return i
      }
    </script>
    <title>日期对象</title>
  </head>
  <body onload="showTime()">
    <div id="time"></div>
  </body>
</html>
```

## 5.2.5 数组对象(Array)

数组对象用于在一个名称的变量下存储多个值,是数据存储的一个重要类型,常常和循环语句配合使用。

## 1. 数组的定义

由于可选的初始参数不一样,因此其创建的语法格式有多种,但主要有以下三种。
第一种语法是最简单的,语法格式如下:

```
new Array();
```

在这种定义中,没有指明数组的存储数量(即下标数量),可以在后面通过赋值语句来动态增加数组的长度。new 表示新创建一个对象,是 JavaScript 的类操作运算符。
第二种语法格式中包括了一个参数,语法格式如下:

```
new Array(size);
```

本格式中,包括了一个参数,该参数指定了数组的大小。
第三种语法格式包括了多个参数,其语法格式如下:

```
new Array(element0, element0, ..., elementn);
```

这种格式中,包括了一组参数列表,新创建的数组的元素就会被初始化为这些值。

## 2. 数组对象的常用属性

数组对象中最常用的属性是 length,用于设置或返回数组中元素的数目。

## 3. 数组对象的常用方法

数组对象提供了丰富的方法供用户调用,常用方法名称和功能描述见表 5-7。

表 5-7 数组对象的常用方法和功能描述

| 方法 | 功能描述 |
| --- | --- |
| concat() | 连接两个或更多的数组,并返回结果 |
| join() | 把数组的所有元素放入一个字符串。元素之间通过指定的分隔符进行分隔 |
| pop() | 删除并返回数组的最后一个元素 |
| push() | 向数组的末尾添加一个或更多元素,并返回新的长度 |
| reverse() | 颠倒数组中元素的顺序 |
| shift() | 删除并返回数组的第一个元素 |
| slice() | 从某个已有的数组返回选定的元素 |
| sort() | 对数组的元素进行排序 |
| toString() | 把数组转换为字符串,并返回结果 |

【案例】 数组对象。

本案例创建 2 个数组,一个数组用来保存英文,一个数组用来保存数字,对这两个数组按字母顺序和数字顺序进行大小排序(升序排列),显示效果如图 5-6 所示。
新建文件 chap5_6.html,代码如下:

图 5-6 数组对象

```
<html>
  <head>
    <meta http-equiv="Content-Type" content="text/html; charset=utf-8" />
    <title>数组对象</title>
  </head>
  <body>
    <script type="text/javascript">
      var arr = new Array(6);
      arr[0] = "tom";
      arr[1] = "and";
      arr[2] = "kite";
      arr[3] = "apple";
      arr[4] = "bird";
      arr[5] = "good";
      document.write("原始数组" + arr + "<br />");
      document.write("按字母排序" + arr.sort());
    </script>
    <p>
    <script type="text/javascript">
      function sortNumber(a,b)
      {return a-b;
      }
      var arr = new Array(6);
      arr[0] = "120";
      arr[1] = "56";
      arr[2] = "23";
      arr[3] = "77";
      arr[4] = "68";
      arr[5] = "20";
      document.write("原始数组" + arr + "<br />");
      document.write("按数字排序" + arr.sort(sortNumber));
    </script>
  </body>
</html>
```

### 5.2.6 浏览器对象(navigator)

浏览器对象包含有关浏览器的信息,由于浏览器程序本身已经存在,因此本对象不用创建就可以直接使用。注意,这也就是说浏览器对象在JavaScript程序中是唯一的,在同一个程序中不存在两个浏览器对象。

浏览器对象多用于获取浏览器信息,因此其包含了较多的属性,浏览器对象的常用属性见表5-8。

表5-8 浏览器对象常用属性

| 属 性 | 描 述 |
| --- | --- |
| appCodeName | 返回浏览器的代码名 |
| appMinorVersion | 返回浏览器的次级版本 |
| appName | 返回浏览器的名称 |
| appVersion | 返回浏览器的平台和版本信息 |
| browserLanguage | 返回当前浏览器的语言 |
| cookieEnabled | 返回指明浏览器中是否启用cookie的布尔值 |
| cpuClass | 返回浏览器系统的CPU等级 |
| onLine | 返回指明系统是否处于脱机模式的布尔值 |
| platform | 返回运行浏览器的操作系统平台 |
| systemLanguage | 返回OS使用的默认语言 |
| userAgent | 返回由客户机发送服务器的user-agent头部的值 |
| userLanguage | 返回OS的自然语言设置 |

【案例】 显示浏览器的信息。

读取浏览器的相关信息,显示效果如图5-7所示。

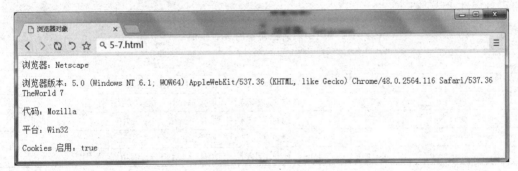

图5-7 显示浏览器的信息

新建文件chap5_7.html,代码如下:

```
<html>
  <head>
    <meta http-equiv="Content-Type" content="text/html; charset=utf-8" />
    <title>浏览器对象</title>
  </head>
  <body>
    <script type="text/javascript">
      document.write("<p>浏览器:")
      document.write(navigator.appName + "</p>")
```

```
        document.write("<p>浏览器版本:")
        document.write(navigator.appVersion + "</p>")
        document.write("<p>代码:")
        document.write(navigator.appCodeName + "</p>")
        document.write("<p>平台:")
        document.write(navigator.platform + "</p>")
        document.write("<p>Cookies 启用:")
        document.write(navigator.cookieEnabled + "</p>")
    </script>
  </body>
</html>
```

### 5.2.7 文档对象(document)

每个载入浏览器的 HTML 文档都会成为文档对象,因此本对象也不用创建就可以直接使用。文档对象使开发者可以通过 JavaScript 程序对 HTML 页面中的所有元素进行访问。实际上文档对象是窗口对象的一部分,可通过 window.document 属性对其进行访问。

**1. 文档对象的集合属性**

由于文档对象指代了整个网页的正文内容,而网页的正文(指<body>和</body>之间的内容)中一般包括了大量的控件对象,因此文档对象中出现了集合属性。文档对象常用的集合属性见表 5-9。

表 5-9 文档对象的集合属性

| 集 合 | 描 述 |
|---|---|
| all[] | 提供对文档中所有 HTML 元素的访问 |
| anchors[] | 返回对文档中所有 Anchor 元素的引用 |
| forms[] | 返回对文档中所有 Form 元素引用 |
| images[] | 返回对文档中所有 Image 元素引用 |
| links[] | 返回对文档中所有 Area 和 Link 元素引用 |

**2. 文档对象的属性**

文档对象包括较多属性,主要是网页正文的一些参数值,常用属性见表 5-10。

表 5-10 文档对象的常用属性

| 属 性 | 描 述 |
|---|---|
| body | 提供对<body>元素的直接访问。对于定义了框架集的文档,该属性引用最外层的<frameset> |
| cookie | 设置或返回与当前文档有关的所有 cookie |
| domain | 返回当前文档的域名 |
| lastModified | 返回文档被最后修改的日期和时间 |
| referrer | 返回载入当前文档的文档的 URL |

续表

| 属性 | 描述 |
|---|---|
| title | 返回当前文档的标题 |
| URL | 返回当前文档的 URL |

### 3. 文档对象的方法

文档对象的方法比较常用,尤其是 document.write()方法,其他常用方法见表 5-11。

表 5-11 文档对象的常用方法

| 方法 | 描述 |
|---|---|
| getElementById() | 返回对拥有指定 id 的第一个对象的引用 |
| getElementsByName() | 返回带有指定名称的对象集合 |
| getElementsByTagName() | 返回带有指定标签名的对象集合 |
| write() | 向文档写 HTML 表达式或 JavaScript 代码 |
| writeln() | 类似 write()方法,不同的是在每个表达式之后写一个换行符 |

【案例】 读取表单信息。

本案例实现读取表单输入内容,并显示用户输入内容,页面效果如图 5-8 所示。

图 5-8 读取表单信息

新建文件 chap5_8.html,代码如下:

```
<html>
  <head>
    <meta http-equiv="Content-Type" content="text/html; charset=utf-8" />
    <title>文档对象</title>
  </head>
  <body>
    <p>用户名 1:
      <label for="name"></label>
      <input name="name" type="text" id="name" size="10">
        用户名 2:
      <input name="name" type="text" id="name" size="10">
    </p>
    <p>  性别 1: 
      <label for="sex"></label>
```

```html
      < input name = "sex" type = "text" id = "sex" size = "10">
           性别 2:
      < input name = "sex" type = "text" id = "sex" size = "10">
      < label for = "sex"></label >
    </p>
    < p >   年龄 1:
      < label for = "age"></label >
      < input name = "age" type = "text" id = "age" size = "10">
           年龄 2:
      < input name = "age" type = "text" id = "age" size = "10">
    </p>
    < p >
      < input type = "submit" name = "btn" id = "btn" value = "显示用户输入内容" onClick = "showinfo()">
    </p>
    < script type = "text/javascript">
      function showinfo()
      {
        var name = document.getElementsByName("name");
        var sex = document.getElementsByName("sex");
        var age = document.getElementsByName("age");
        document.write("用户名 1:" + name[0].value + "," + "性别:" + sex[0].value + "," + "年龄" + age[0].value + "< br >用户名 2:" + name[1].value + "," + "性别:" + sex[1].value + "," + "年龄" + age[1].value + "< br >");
      }
    </script >
  </body>
</html>
```

**说明**：案例中使用的 getElementsByName() 方法和 getElementById() 方法相似，但是它查询元素的 name 属性，而不是 id 属性。而且一个文档中的 name 属性可能不唯一（如 HTML 表单中的单选按钮通常具有相同的 name 属性），所以 getElementsByName() 方法返回的是元素的数组，而不是一个元素。

### 5.2.8 窗口对象（window）

窗口对象表示浏览器中打开的窗口，其值也不用创建就可以直接使用。

**1. 窗口对象的对象集合**

普通网页中只有一个窗口对象，但如果文档包含框架结构（使用了 frame 或 iframe 标签时），浏览器会为网页文档创建一个窗口对象，并为每个框架创建一个额外的窗口对象。在使用时可以引用窗口对象的对象集合 frames[]。该集合是窗口对象的数组，每个窗口对象在窗口中含有一个<frame>或<iframe>。属性 frames.length 存放数组 frames[]中含有的元素个数。当框架网页的下一级页面中还包括框架时，frames[]数组还可以引用另一个表示下一级页面框的 frames[]数组。

**2. 窗口对象的属性**

窗口对象中包括了窗口的位置、大小等信息，还包括了对其他对象的引用。本对象的常用属性见表 5-12。

### 3. 窗口对象的方法

窗口对象的常用方法主要涉及对窗口的一些参数的设置，其常用方法见表 5-13。

表 5-12　窗口对象的常用属性

| 属　　性 | 描　　述 |
| --- | --- |
| closed | 返回窗口是否已被关闭 |
| defaultStatus | 设置或返回窗口状态栏中的默认文本 |
| document | 对窗口对象的只读引用 |
| history | 对历史对象的只读引用 |
| innerheight | 返回窗口的文档显示区的高度 |
| innerwidth | 返回窗口的文档显示区的宽度 |
| length | 设置或返回窗口中的框架数量 |
| name | 设置或返回窗口的名称 |
| Navigator | 对浏览器对象的只读引用 |
| opener | 返回对创建此窗口的引用 |
| outerheight | 返回窗口的外部高度 |
| outerwidth | 返回窗口的外部宽度 |
| pageXOffset | 设置或返回当前页面相对于窗口显示区左上角的 X 位置 |
| pageYOffset | 设置或返回当前页面相对于窗口显示区左上角的 Y 位置 |
| status | 设置窗口状态栏的文本 |
| top | 返回最顶层的先辈窗口 |
| screenLeft | 只读整数。声明了窗口的左上角在屏幕上的 x 坐标和 y 坐标。IE、Safari 和 Opera 浏览器支持 screenLeft 和 screenTop，而 Firefox 和 Safari 浏览器支持 screenX 和 screenY |
| screenTop | |
| screenX | |
| screenY | |

表 5-13　窗口对象的常用方法

| 方　　法 | 描　　述 |
| --- | --- |
| alert() | 显示带有一段消息和一个确认按钮的警告框 |
| clearInterval() | 取消由 setInterval() 设置的 timeout |
| clearTimeout() | 取消由 setTimeout() 方法设置的 timeout |
| close() | 关闭浏览器窗口 |
| confirm() | 显示带有一段消息以及确认按钮和取消按钮的对话框 |
| createPopup() | 创建一个 pop-up 窗口 |
| focus() | 把键盘焦点给予一个窗口 |
| moveBy() | 可相对窗口的当前坐标把它移动指定的像素 |
| moveTo() | 把窗口的左上角移动到一个指定的坐标 |
| open() | 打开一个新的浏览器窗口或查找一个已命名的窗口 |
| print() | 打印当前窗口的内容 |
| prompt() | 显示可提示用户输入的对话框 |
| resizeBy() | 按照指定的像素调整窗口的大小 |

续表

| 方法 | 描述 |
|---|---|
| resizeTo() | 把窗口的大小调整到指定的宽度和高度 |
| scrollBy() | 按照指定的像素值来滚动内容 |
| scrollTo() | 把内容滚动到指定的坐标 |
| setInterval() | 按照指定的周期(以毫秒计)来调用函数或计算表达式 |
| setTimeout() | 在指定的毫秒数后调用函数或计算表达式 |

【案例】 显示提示框。

本案例要求用户输入用户名,如果用户单击提示框的取消按钮,则返回 null。如果用户单击确认按钮,则返回输入的内容。显示效果如图 5-9 所示。

图 5-9 显示提示框

新建文件 chap5_9.html,代码如下:

```
<html>
  <head>
    <meta http-equiv="Content-Type" content="text/html; charset=utf-8" />
    <title>窗口对象</title>
    <script type="text/javascript">
      function uname_prompt()
      {
        var name = prompt("请输入您的名字")
        if (name!= null && name!= "")
        {
          document.write("用户:" + name + ",欢迎登录!")
        }
      }
    </script>
  </head>
  <body>
    <input type="submit" name="button" id="button" value="输入用户名" onclick="uname_prompt()">
  </body>
</html>
```

## 课后练习

1. 编写一个 JavaScript 程序,在页面中有一个按钮,单击该按钮后页面的背景变化成其他颜色。

2. 编写一个 JavaScript 程序,当页面打开时会自动生成本年度 12 个月的月历,每个月历中使用红字标识出周六、日,其他日期使用黑字标识,"今天"使用蓝字并加粗表示。

3. 检测访问者的浏览器和版本号。

4. 显示一个确认对话框,询问用户"是否要关闭浏览器",如果用户单击"确定"按钮则自动关闭浏览器,如果用户单击"取消"按钮则返回当前网页。

# 第 6 章

# JavaScript 中的事件与事件处理

Chapter 6

| 学习目标 | 掌握 JavaScript 的常用事件及响应方法；<br>熟练应用事件处理方式的完成网页常用功能的编写。 |

## 6.1 事件及事件处理程序

### 6.1.1 事件

**1. 什么是事件**

事件就是在文档中或者在浏览器窗口中通过某些动作触发。比如，单击、鼠标指针经过、键盘按下等。事件通常和函数结合使用。

各个网页元素之间可以借助事件来进行交互；用户和页面之间也可以通过事件来交互；后端和页面之间也可以通过事件来交互(减缓服务器的压力)。

**2. 事件分类**

(1) 鼠标事件。在 JavaScript 中，鼠标事件是 Web 开发中最常用的事件类型，常用的鼠标事件见表 6-1。

表 6-1 常用的鼠标事件类型

| 事件类型 | 说 明 |
| --- | --- |
| click | 单击时发生，如果鼠标右键也按下则不会发生。当鼠标的焦点在按钮上并按了 Enter 键时，同样会触发这个事件 |
| dblclick | 双击时发生，如果鼠标右键也按下则不会发生 |
| mousedown | 按任意一个鼠标按钮时发生 |
| mouseout | 鼠标指针位于某个元素上且将要移出元素的边界时发生 |
| mouseover | 鼠标指针移出某个元素到另一个元素上时发生 |
| mouseup | 松开任意一个鼠标按键时发生 |
| mousemove | 鼠标在某个元素上时持续发生 |

(2) window 事件。window 对象触发的事件。适用于<body>标签，说明见表 6-2。

(3) 键盘事件。由键盘触发的事件，说明见表 6-3。

表 6-2 window 事件属性

| 事件类型 | 说明 |
| --- | --- |
| onafterprint | 在打印文档之后 |
| onbeforeprint | 在文档打印之前 |
| onbeforeonload | 在文档加载之前 |
| onblur | 当窗口失去焦点时 |
| onerror | 当错误发生时 |
| onfocus | 当窗口获得焦点时 |
| onhaschange | 当文档改变时 |
| onload | 当文档加载时 |
| onmessage | 当触发消息时 |
| onoffline | 当文档离线时 |
| ononline | 当文档上线时 |
| onpagehide | 当窗口隐藏时 |
| onpageshow | 当窗口可见时 |
| onpopstate | 当窗口历史记录改变时 |
| onredo | 当文档执行再执行操作(redo)时 |
| onresize | 当调整窗口大小时 |
| onstorage | 当 Web Storage 区域更新时(存储空间中的数据发生变化时) |
| onundo | 当文档执行撤销时 |
| onunload | 当用户离开文档时 |

表 6-3 键盘事件

| 事件类型 | 说明 |
| --- | --- |
| onkeydown | 当按下按键时 |
| onkeypress | 当按下并松开按键时 |
| onkeyup | 当松开按键时 |

（4）表单事件。由 HTML 表单内部的动作触发的事件常用于表单元素中，说明见表 6-4。

表 6-4 表单事件

| 事件类型 | 说明 |
| --- | --- |
| onblur | 当元素失去焦点时 |
| onchange | 当元素改变时 |
| oncontextmenu | 当触发上下文菜单时 |
| onfocus | 当元素获得焦点时 |
| onformchange | 当表单改变时 |
| onforminput | 当表单获得用户输入时 |
| oninput | 当元素获得用户输入时 |
| oninvalid | 当元素无效时 |
| onreset | 当表单重置时，HTML 5 不支持 |
| onselect | 当选取元素时 |
| onsubmit | 当提交表单时 |

JavaScript 程序和网页页面之间的交互一般是通过触发浏览器界面中的控件,进而引发事件来处理的。

### 6.1.2 事件和事件处理程序

网页中的每个元素都可以产生某些可以触发 JavaScript 函数的行为,这些行为可以被 JavaScript 程序侦测到,这称为事件。例如,用户在页面中单击某按钮,则会产生一个单击(onClick)事件,并调用之前在按钮的 HTML 标记符上关联的 JavaScript 函数,完成对事件的处理。

如果需要对某一事件进行处理,需要进行以下两部分的设置。

- 在相应网页页面的元素标记符中加入事件属性,并设置事件属性为一 JavaScript 函数。
- 在 JavaScript 程序中编写一个函数处理对应的事件。

JavaScript 程序支持的事件见表 6-5。

表 6-5  JavaScript 程序支持的事件

| 事 件 名 称 | 功 能 解 释 |
| --- | --- |
| onabort | 图像加载被中断 |
| onblur | 元素失去焦点 |
| onchange | 用户改变域的内容 |
| onclick | 单击某个对象 |
| ondblclick | 双击某个对象 |
| onerror | 当加载文档或图像时发生某个错误 |
| onfocus | 元素获得焦点 |
| onkeydown | 某个键盘的键被按下 |
| onkeypress | 某个键盘的键被按下或按住 |
| onkeyup | 某个键盘的键被松开 |
| onload | 某个页面或图像被完成加载 |
| onmousedown | 某个鼠标按键被按下 |
| onmousemove | 鼠标被移动 |
| onmouseout | 鼠标指针从某元素移开 |
| onmouseover | 鼠标指针被移到某元素之上 |
| onmouseup | 某个鼠标按键被松开 |
| onreset | 重置按钮被单击 |
| onresize | 窗口或框架被调整尺寸 |
| onselect | 文本被选定 |
| onsubmit | 提交按钮被单击 |
| onunload | 用户退出页面 |

虽然 JavaScript 程序提供了很多事件,但经常使用的就几种,下面几节将重点介绍这些比较常用的事件。

## 6.2 JavaScript 的常用事件

### 6.2.1 键盘事件

键盘事件是对键盘操作的响应,其主要包括以下几个事件。
- onblur:当元素失去焦点时触发,一般与文本输入框结合使用,用于判断用户输入的内容是否正确。
- onfocus:当元素获得焦点时触发。
- onchange:当元素内容被改变时触发。
- onkeydown:键盘的某个键被按下时触发。
- onkeyup:键盘的某个键被抬起时触发。
- onkeypress:按了键盘的某个键时触发(即 onkeydown+onkeyup)。

【案例】 用户输入判断。

在本程序中,定义了三个文本输入框,并分别增加了失去焦点事件(onblur)、内容改变事件(onchange)和键盘输入事件(onkeypress)的处理函数。

三个处理函数都是判断对应的文本输入框中的内容是否正确,如果正确则显示"输入正确",否则显示"输入错误"。

本程序的运行效果如图 6-1 所示。

图 6-1 键盘事件示例的运行效果图

新建页面文件 chap6_1.html,代码输入如下:

```
<html>
  <head>
    <meta http-equiv="Content-Type" content="text/html; charset=utf-8" />
    <title>用户输入判断</title>
    <script>
      function f1() {
        if(document.getElementById('input1').value == "hello")
          j1.innerText = "   输入正确";
        else
          j1.innerText = "   输入错误!";
      }
      function f2() {
```

```
                if(document.getElementById('input2').value == "123456")
                    j2.innerText = "   输入正确";
                else
                    j2.innerText = "   输入错误!";
            }
            function f3() {
                if(document.getElementById('input3').value == "javascript")
                    j3.innerText = "   输入正确";
                else
                    j3.innerText = "   输入错误!";
            }
    </script>
  </head>
  <body><form id = "form1" name = "form1" method = "post" action = "">
    <p align = "center">请输入 hello: <input type = "text" name = "input1" id = "input1"
    onblur = f1()><label id = j1></label>
        <p align = "center">请输入 123456: <input type = "text" name = "input2" id = "input2"
        onChange = f2()><label id = j2></label>
        <p align = "center">请输入 javascript: <input type = "text" name = "input3" id =
        "input3" onkeypress = f3()><label id = j3></label>
  </form>
  </body>
</html>
```

失去焦点事件(onblur)的处理函数是当用户输入完成后，按 Tab 键或单击其他控件后会被激活并执行。

内容改变事件(onchange)与失去焦点事件的执行条件相似，但如果在输入完成后，按 Enter 键也会激活本事件的处理函数。

键盘输入事件(onkeypress)是当用户在文本框中有任何的输入时都会被激活。

### 6.2.2 鼠标事件

鼠标事件是 JavaScript 程序中最常用的事件之一，其功能是响应鼠标的各种操作，主要包括以下几个常用事件。

#### 1. 鼠标单击事件（Onclick）

本事件最常用，当单击时产生，一般与按钮元件配合使用，本章中很多实例都使用了该事件。

#### 2. 鼠标指向事件（onMouseOver）

当鼠标指针指向某一目标区域时，会触发此事件。

#### 3. 鼠标移开事件（onMouseOut）

当鼠标指针离开某一目标区域时，会触发此事件。鼠标移开事件和鼠标指向事件经常同时配合使用。

【案例】 动态菜单的处理。

本案例的运行效果如图6-2所示。

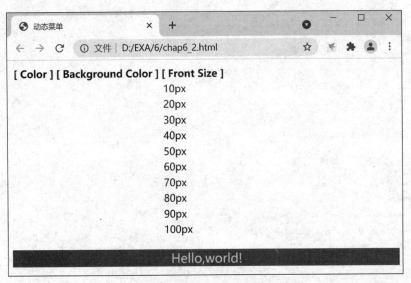

图6-2 使用JavaScript实现的动态菜单

新建页面文件chap6_2.html,代码输入如下:

```
<html>
<head>
  <meta http-equiv="Content-Type" content="text/html; charset=utf-8" />
  <title>动态菜单</title>
  <style>
    .menu{ VISIBILITY: hidden; }
    .cur { cursor:hand; }
    body {cursor:default; }
    .obj { font-size:30px; }
  </style>
  <script>
    function hide(){
        m1.style.visibility="";
    }
    function hide1(){
        m2.style.visibility=""
    }
    function hide2(){
        m3.style.visibility=""
    }
    function view(){
        m1.style.visibility="visible"
    }
    function view1(){
        m2.style.visibility="visible"
    }
```

```
            function view2(){
                m3.style.visibility = "visible"
            }
            function changecolor(color)
            {
                obj.style.color = color;
            }
            function changebkcolor(color){
                obj.style.backgroundColor = color;
            }
            function changesize(size){
                obj.style.fontSize = size;
            }
    </script>
</head>
<body><table border=0><tr valign=top><td>
<div onmouseover=view() onmouseout=hide() class=cur>
    <b>[ Color ]</b>
    <div id=m1 class=menu>
        <table border=0>
        <tr><td><div class=cur onclick=changecolor("red")>Red</div>
        <tr><td><div class=cur onclick=changecolor("blue")>Blue</div>
        <tr><td><div class=cur onclick=changecolor("black")>Black</div>
        <tr><td><div class=cur onclick=changecolor("green")>Green</div>
        <tr><td><div class=cur onclick=changecolor("yellow")>Yellow</div>
        </table>
    </div>
</div>
<td valign=top>
<div onmouseover=view1() onmouseout=hide1() class=cur>
    <b>[ Background Color ]</b>
    <div id=m2 class=menu>
        <table border=0>
        <tr><td><div class=cur onclick=changebkcolor("green")>Green</div>
        <tr><td><div class=cur onclick=changebkcolor("black")>Black</div>
        <tr><td><div class=cur onclick=changebkcolor("white")>White</div>
        <tr><td><div class=cur onclick=changebkcolor("red")>Red</div>
        </table>
    </div>
</div>
<td valign=top>
<div onmouseover=view2() onmouseout=hide2() class=cur>
    <b>[ Front Size ]</b>
    <div id=m3 class=menu>
        <table border=0>
        <tr><td><div class=cur onclick=changesize("10px")>10px</div>
        <tr><td><div class=cur onclick=changesize("20px")>20px</div>
        <tr><td><div class=cur onclick=changesize("30px")>30px</div>
        <tr><td><div class=cur onclick=changesize("40px")>40px</div>
        <tr><td><div class=cur onclick=changesize("50px")>50px</div>
```

```
                <tr><td><div class = cur onclick = changesize("60px")>60px</div>
                <tr><td><div class = cur onclick = changesize("70px")>70px</div>
                <tr><td><div class = cur onclick = changesize("80px")>80px</div>
                <tr><td><div class = cur onclick = changesize("90px")>90px</div>
                <tr><td><div class = cur onclick = changesize("100px")>100px</div>
            </table>
        </div>
    </div>
</table><p><div id = obj class = obj align = center>Hello,world!</div>
</body></html>
```

菜单的设计一般是通过使用块和表格共同完成的,每一个菜单都定义在一个块(<div>和</div>)中,并对这个块增加鼠标指向和移开事件的处理函数,如同下面的语句:

```
<div onmouseover = viewX() onmouseout = hideX() class = cur>
```

鼠标事件处理函数的内容非常简单,只是设置相应对象的 style.visibility 属性值即可,当值是 visible 时表示菜单可见,当值是空值(即"")时表示菜单不可见。

在本程序开始处首先使用 CSS(层叠样式表)定义了四个样式,其中.menu 样式(其内容是{VISIBILITY:hidden;})设置了不可见属性,当其应用在定义菜单的块上时,则将菜单部分隐藏。

在每一个菜单项中还使用了鼠标单击事件,以便完成颜色、背景色和字体大小的改变。

### 6.2.3 Load 事件和 Unload 事件

当网页被浏览器加载执行或是关闭网页的时候,也会分别触发页面载入事件(onload)和离开事件(onUnload)。

页面载入事件(onload)常用来检测访问者的浏览器类型和版本,然后根据这些信息载入特定版本的网页;而页面离开事件(onUnload)一般用于放置一些提示信息。

【案例】 浏览器检测。

本案例实现对浏览器的类型和是否支持 cookie 功能进行判断,显示效果如图 6-3 所示。本程序在不同浏览器中会显示出不同的结果。

新建页面文件 chap6_3.html,代码输入如下:

```
<html>
  <head>
    <meta http-equiv = "Content-Type" content = "text/html; charset = utf-8" />
    <title>浏览器检测</title>
    <script>
      function judge(){
        //显示浏览器信息
        document.write("浏览器名称:" + navigator.appName + "<br>");
        document.write("浏览器版本:" + navigator.appVersion + "<br>");
        document.write("Cookies是否启用:" + navigator.cookieEnabled + "<br>");
        document.write("user-agent头部:" + navigator.userAgent + "<br><p>");
```

```
            //判断浏览器类型
            if (window.ActiveXObject)
                document.write('本浏览器是 IE 系列浏览器');
            else if (document.getBoxObjectFor)
                document.write('本浏览器是 Firefox 浏览器')
            else if (window.MessageEvent && !document.getBoxObjectFor)
                document.write('本浏览器是 Chrome 浏览器')
            else if (window.opera)
                document.write('本浏览器是 Opera 浏览器')
            else if (window.openDatabase)
                document.write('本浏览器是 Safari 浏览器')
            else
                document.write('本浏览器是其他类型浏览器')
        }
    </script>
</head>
<body onload = judge()>
</body>
</html>
```

图 6-3　在浏览器中执行的效果图

本程序在页面加载后首先执行 judge() 函数,其功能是对浏览器的信息进行显示并判断浏览器的类型。浏览器的信息可以通过浏览器对象(navigator)中的属性值获取。

浏览器类型的判断方法有多种,可以通过浏览器对象的程序名称属性(navigator.appName)或是浏览器对象的 user-agent 头部属性(navigator.userAgent)进行判断,但这种方法有时不太精细,另一种方法是通过判断不同浏览器的不同属性,本程序就是使用第二种方法,以下是其具体的判断方法。

- IE 浏览器:其支持创建 ActiveX 控件,而其他浏览器是不支持的,因此它有一个 ActiveXObject 函数,只要判断 window 对象存在 ActiveXObject 函数,就可以明确判断出当前浏览器是 IE。
- Firefox 浏览器:其有一个 getBoxObjectFor 函数,用来获取 DOM 元素的位置和大小,这是 Firefox 独有的,通过判断它即可知道当前浏览器是 Firefox。
- Opera 浏览器:其在 window 对象中提供了专门的浏览器标志,即 windows.opera

属性，通过判断这个属性就可以确定是否是 Opera 浏览器。
- Safari 浏览器：其有一个独有的 openDatabase 函数，这个可以作为判断是否是 Safari 浏览器的标志。
- Chrome 浏览器：其有一个 MessageEvent 函数，但此函数 Firefox 浏览器也有，不过，Chrome 没有 Firefox 的 getBoxObjectFor 函数，因此根据这两个函数存在的条件可以准确判断出是否是 Chrome 浏览器。
- 如果通过判断不是以上浏览器，则表示为其他浏览器。

### 6.2.4 表单事件

利用表单事件可对表单提交时产生的事件进行处理，其功能是在提交表单之前执行表单事件所触发的处理函数。因表单事件主要作用于表单元素上，因此要响应该事件就必须在表单标记符中增加 onSubmit 事件属性，并设置一个 JavaScript 函数作为其值，该函数如果返回 true 则提交表单，如果返回 false 则不提交表单。

【案例】 用户名和密码判空。

本案例是使用 onSubmit 事件的例子，在本案例中，当用户单击表单中的"提交"按钮时，表单事件被激活，并调用对应的 check() 函数，该函数对表单中的用户名和密码域中的内容进行判断，如果没有输入值，则会给出提示，并取消此次的提交操作。如果用户名和密码都输入了值，则会正常提交，显示效果如图 6-4 所示。

图 6-4 表单事件页面效果

新建页面文件 chap6_4.html，代码输入如下：

```html
<html><head>
  <title>用户名和密码的判断</title>
    <script>
      function check() {
          if(document.getElementById('username').value == ""){
              alert("请输入用户名!");
              document.getElementById('username').focus();
              return false;
          }
          if(document.getElementById('password').value == ""){
              alert("请输入密码!");
```

```
                document.getElementById('password').focus();
                return false;
            }
            return true;
        }
    </script>
</head>
<body>
    <form id="form1" name="form1" method="post" action="" onsubmit="return check()">
        <p align="center">用户名:<input type="text" name="username" id="username" /></p>
        <p align="center">密  码:<input type="text" name="password" id="password" /></p><p align="center">
            <input type="submit" name="button" id="button" value="提交" />
                    
            <input type="reset" name="button2" id="button2" value="重置" /></p>
    </form>
</body>
</html>
```

本案例中使用了表单事件处理对输入的内容进行判断,因此在<form>标记符中增加了 onsubmit 事件属性。在事件处理函数中,本例使用了一种新的判断方法,即使用 document 对象的 getElementById()方法通过表单元素的 id 值来得到其句柄的。在判断为空后,本例不但弹出了提示对话框,还将输入焦点移到相应的文本输入框对象上,这是通过调用表单元素对象的 focus()方法实现的。

## 课后练习

1. 编写一个 JavaScript 程序,在页面打开时显示一个 10 行、10 列的表格。

2. 编写一个 JavaScript 程序,在页面关闭时,弹出一个提示框。

3. 编写一个 JavaScript 程序,在页面中有一个按钮,单击该按钮后页面的背景变化成其他颜色。

4. 编写一个 JavaScript 程序,当页面打开时会自动生成本年度 12 个月的月历,每个月历中使用红字标识出周六、日,其他日期使用黑字标识,"今天"使用蓝字并加粗表示。

# 第 7 章

# JS 网页特效

Chapter 7

| 学习目标 | 了解如何利用 JavaScript 实现多种网页特效；掌握多种文字特效、图片特效、时间和日期特效、鼠标特效、菜单特效与表单的设置方法与效果。 |

所谓网页特效，就是指网页中的各个元素（如文字、图片、动画、声音、视频等）呈现的特殊效果，即通过控制不同的网页元素，并赋予其韵律和艺术性的特效。如在网页中闪烁显示的文字、链接条、图片、漂浮在页面上的广告等。

## 7.1 文字特效

本节主要介绍利用 JavaScript 实现网页文字特效，主要包括跑马灯效果、打字效果、文字大小变化效果。

### 7.1.1 跑马灯效果

在网页上，经常会看到一段文字或者一组图片在一定的区域范围内滚动播放，以引起浏览者的注意，通常称为"跑马灯"效果。

打开 DreamWeaver 软件，新建网页文件 chap7_1.html，输入以下代码到网页代码 &lt;body&gt;和&lt;/body&gt;标签之间。

```
<script>
<!--
var index = 4
link = new Array(3);
text = new Array(3);
link[0] = 'http://www.126.com '
link[1] = 'http://www.126.com'
link[2] = 'http://www.baidu.com'
link[3] = 'http://www.sina.com'

text[0] = '测试开始'
text[1] = '126 邮箱'
text[2] = '百度搜索'
text[3] = '新浪'
```

```
        document.write ("<marquee scrollamount='1' scrolldelay='50' direction='up' width='150' height='100'>");
        for (i=0;i<index;i++){
            document.write (" <img src='images/webnew.gif' width='12' height='12'><a href="+link[i]+" target='_blank'>");
            document.write (text[i] + "</A><br>");
        }
        document.write ("</marquee>")
        // -->
    </script>
```

其中,参数 index 定义了显示文本的行数;数组 link 存放不同行文字相关链接地址;数组 text 存放滚动内容。在语句<marquee scrollamount='1' scrolldelay='50' direction='up' width='150' height='100'>中,参数 scrolldelay 定义了延迟时间,这个数值越小,滚动速度越快;direction 定义了方向;width 和 height 分别定义了滚动范围的宽和高。

### 7.1.2 打字效果

在网页上,可以实现逐个文字出现的打字效果,新建网页文件 chap7_2.html,输入以下代码到文件中,并保存。

```
<HTML>
  <HEAD>
  <TITLE>打字效果</TITLE>
  <SCRIPT>
    var msg = "欢迎进入JS网页特效的学习";
    var interval = 200;
    seq = 0;
    function Scroll()
    {
      document.tmForm.tmText.value = msg.substring(0, seq+1);
      seq++;
      if ( seq >= msg.length )
      { seq = 0 };
      window.setTimeout("Scroll();", interval ); }
  </SCRIPT>

<BODY OnLoad = "Scroll();" >
  <FORM Name = tmForm >
    <INPUT Type = Text Name = tmText Size = 45 >
  </FORM>
</BODY>
</HTML>
```

其中,interval 定义了打字间隔时间,测试该文件,呈现的效果是在页面的文本框中,显示一段文字,并以打字效果显示。在网页中,通常情况下,打字文字效果引起访问者关注后,还可以实现通过单击相应链接实现跳转的功能,下面是对上面打字效果的进一步修改与完善,在展示打字效果的过程中,还实现了通过单击相应的链接完成跳转的功能。

打开 Dreamweaver 软件,新建网页后,将下面代码输入网页代码块<head>和</head>之间并保存。

```
<title>打字效果</title>
<meta http-equiv="Content-Type" Content="text/html;charset=gb2312" />
<style type="text/css">
body{
  font-size:14px;
  font-color:#purple;
  font-weight:bolder;
}
</style>
```

在网页代码<body>和</body>之间添加如下代码。

```
滚动文字信息:<a id="Hotnews" href="" target="_blank"></a>
<script>
  var NewsTime = 2000;
  var TextTime = 100;

  var newsi = 0;
  var txti = 0;
  var txttimer;                    //调用 setInterval 的返回值,用于取消对函数的周期性执行
  var newstimer;

  var newstitle = new Array();
  var newshref = new Array();

  newstitle[0] = "126 邮箱链接!";//显示在网页上的文字内容和对应的链接
  newshref[0] = "http://www.126.com";

  newstitle[1] = "百度搜索!";
  newshref[1] = "http://www.baidu.com";

  newstitle[2] = "电子购物!";
  newshref[2] = "https://www.jd.com/";

  //newstitle[3] = "http://www.baidu.com";
  //newshref[3] = "http://www.baidu.com";

  function shownew(){
    hwnewstr = newstitle[newsi];    //通过 newsi 传递,依次显示数组中的内容
    newslink = newshref[newsi];     //依次显示文字对应的链接

    if(txti >= hwnewstr.length){
      clearInterval(txttimer);//一旦超过要显示的文字长度,清除对 shownew()的周期性调用
      clearInterval(newstimer);
      newsi++;                      //显示数组中的下一个
```

```
            if(newsi >= newstitle.length){
              newsi = 0;    //当newsi大于信息标题的数量时,把newsi清零,重新从第一个显示
            }
            newstimer = setInterval("shownew()",NewsTime);   //间隔2000ms后重新调用shownew()
            txti = 0;
            return;
          }
          clearInterval(txttimer);
          document.getElementById("Hotnews").href = newslink;
          document.getElementById("Hotnews").innerHTML = hwnewstr.substring(0,txti+1);
                //截取字符,从第一个字符到txti+1个字符

          txti++;      //文字一个个出现
          txttimer = setInterval("shownew()",TextTime);
      }
      shownew();
</script>
```

其中,参数NewsTime用来定义每条信息完整出现后停留时间;参数TextTime用来定义每条信息中的字出现的间隔时间。语句"newstitle=new Array();"用来实现以数组形式保存每个信息的标题,而语句"newshref=new Array();"用来实现以数组形式保存信息标题的链接。

### 7.1.3 文字大小变化效果

很多网站上为了方便浏览者,会提供有字体大小选择功能,以适应不同年龄段人群的阅读需求。默认字体大小可以通过CSS进行页面定义,一般网页的标准字体是9pt,也就是12px。

打开Dreamweaver软件,新建网页文件chap7_3.html,输入代码到文件中并保存。

```
<html>
  <head>
    <title>JavaScript设置网页字体</title>
    <style>
    body{
      font-size:9pt;
    }
    </style>
  </head>
  <body>
    <div id=zoom>这是一段示例文字,可以单击下边选择不同字号的字体,这段文字会随即改变大小。

    </div>
    <SCRIPT>
    function doZoom(size){
      document.getElementById('zoom').style.fontSize = size + 'pt'
```

```
        }
    </SCRIPT>
        <P align=right>选择字号:[ <A
        href="javascript:doZoom(13)">13pt(超大)</A> <A
        href="javascript:doZoom(10.5)">10.5pt(中型)</A> <A
        href="javascript:doZoom(9)">9pt(标准)</A> ]
    </body>
</html>
```

测试页面,如图 7-1 所示,当单击"选择字号"提示中的不同字号大小链接时,网页上的文字大小也会随之改变。

图 7-1 调整页面字体大小

## 7.2 图片特效

本节主要介绍利用 JavaScript 实现网页图片特效,主要涉及改变页面中图片位置、用鼠标拖动改变图片大小以及闪烁图片效果。

### 7.2.1 改变页面中图片的位置

本小节主要介绍通过输入新的位置数据,来修改图片位置的方法。在 Dreamweaver 软件环境中新建网页文件 chap7_4.html,将已经准备好的图片 pic.jpg 与保存的网页放在同一路径下,输入如下代码。

```
<STYLE TYPE="text/css">
<!--
#moveobj {position: absolute;
       top: 10;
       left:10;}
-->
</STYLE>
<script>
<!--
function moveit(){
    moveTop = document.forms[0].elements[0].value;
    moveLeft = document.forms[0].elements[1].value;
    moveobj.style.top = moveTop;
    moveobj.style.left = moveLeft;
```

```
        if ((moveTop > document.body.offsetHeight || moveTop < 0) || (moveLeft > document.body.
        offsetWidth || moveLeft < 0))
        {
          moveobj.style.top = 200;
          moveobj.style.left = 300;
        }
      }
      //-->
    </script>
    <form action = "javascript:moveit()">
      <div align = "center">
        <p> top:
          <input type = "text" size = "5" name = topnum value = "100">
          left:
          <input type = "text" size = "5" name = leftnum value = "200">
          <input type = submit value = "移动" name = "submit">
          请输入新的位置</p>
      </div>
    </form>
    <div id = "moveobj"><img src = "pic/pic.jpg" width = "215" height = "180" /></div>
```

其中,语句"top:<input type="text" size="5" name=topnum value="100">"定义了图片初始位置距离网页顶端的距离为100;语句"left:<input type="text" size="5" name=leftnum value="200">"定义了图片初始位置距离网页左侧的距离为200,在打开网页时,分别在两个文本框中输入或修改这两个值,可以改变图片的位置。测试网页,得到如图7-2所示效果。

图 7-2　改变图片位置

## 7.2.2　鼠标拖动滑块改变图片大小

本小节主要介绍如何实现用拖动滑块来控制图片改变大小的方法,为了方便对比观察,在案例中先添加一张原始图像。打开Dreamweaver软件,新建网页文件chap7_5.html,修改标题信息为"拖动滑块控制图片显示大小",输入以下代码在标签<head>和</head>之间,用来定义图片显示区域。

```
<style>
  *{margin:0;padding:0;font-size:12px;}
  .btn{width:50px;height:15px;cursor:pointer;}
```

```
#picViewPanel{margin:5 50 0 50px;width:500px;height:600px;overflow:auto;text-align:
center;border:solid 1px #cccccc;}
#slider{margin:0 50px;height:15px;width:500px;border:1px solid #000000;position:
relative;}
#sliderLeft{height:13px; width:13px; float:left; border:1px solid #cccccc; cursor:
pointer;}
#sliderBlock{height:13px;width:50px;border:1px solid #cccccc;position:absolute;top:0;
left:113px;cursor:pointer;background:#cccccc;text-align:center;}
#sliderRight{height:13px; width:13px; float:right; border:1px solid #cccccc; cursor:
pointer;}
</style>
```

添加下面代码在标签<body>和</body>之间,用来定义图片显示状态以及滑块区域样式。

```
<div id="picViewPanel">
  <p><img src="pic/chap7_7.jpg" name="img1" width="215" height="180" id="img1"></p>
  <p> </p>
</div>
<div id="slider">
  <span id="sliderLeft"><<</span>
  <span id="sliderRight">>></span>
  <span id="sliderBlock">==</span>
</div>
```

最后,再次添加下面代码在网页标签</html>之前,实现对网页内图片的大小控制。

```
<script>
  //golbal
  var pv = null;
  var sd = null;
  window.onload = function(){
    pv = new PicView("pic/chap7_7.jpg");
    sd = new Slider(
      function(p1){
        document.getElementById("sliderBlock").innerHTML = 2*p1 + "%";
        pv.expand(2*p1/100);
      },function(){});
  }
  var PicView = function(url,alt){
    this.url = url;
    this.obj = null;
    this.alt = alt?alt:"";
    this.realWidth = null;
    this.realHeight = null;
    this.zoom = 1;
    this.init();
  }
  PicView.prototype.init = function(){
```

```javascript
      var _img = document.createElement("img");
      _img.src = this.url;
      _img.alt = this.alt;
      _img.style.zoom = this.zoom;
      document.getElementById("picViewPanel").appendChild(_img);
      this.obj = _img;
      this.realWidth = _img.offsetWidth;
      this.realHeight = _img.offsetHeight;
    }
    PicView.prototype.reBind = function(){
      this.obj.style.width =  this.realWidth * this.zoom + "px";
      this.obj.style.height = this.realHeight * this.zoom + "px";
    }
    PicView.prototype.expand = function(n){
      this.zoom = n;
      this.reBind();
    }
    var Slider = function(ing,ed){
      this.block = document.getElementById("sliderBlock");
      this.percent = 0;
      this.value = 0;
      this.ing = ing;
      this.ed = ed;
      this.init();
    }
    Slider.prototype.init = function(){
      var _sx = 0;
      var _cx = 0;
      var o = this.block;
      var me = this;
      o.onmousedown = function(e){
        var e = window.event||e;
        _sx = o.offsetLeft;
        _cx = e.clientX - _sx;
        document.body.onmousemove = move;
        document.body.onmouseup = up;
      };
      function move(e){
        var e = window.event||e;
        var pos_x = e.clientX - _cx;
        pos_x = pos_x < 13?13:pos_x;
        pos_x = pos_x > 248 + 15 - 50?248 + 15 - 50:pos_x;
        o.style.left =  pos_x + "px";
        me.percent = (pos_x - 13)/2;
        me.ing(me.percent);
      }
      function up(){
        document.body.onmousemove = function(){};
        document.body.onmouseup = function(){};
      }
    }
</script>
```

打开网页如图 7-3 所示,拖动滑块,可以改变区域内图像的大小。

图 7-3　实现手动控制改变图片大小效果

### 7.2.3　不断闪烁的图片

在网页中,经常会用到图片不断闪烁的特殊效果,本节主要介绍不断闪烁图片效果的实现方式。在 Dreamweaver 软件中新建网页文件 chap7_6.html,并插入 7-7.jpg 图像文件,修改图片 ID 为 imgid,标题信息为"不断闪烁的图片"。在文件中插入如图 7-4 所示代码。

```
7   <body>
8   <img src="pic/7-7.jpg" name="imgid" id="imgid" style="visibility:visible" />
9   <script type="text/javascript">
10  function show(){
11  var imgid=document.getElementById("imgid");
12  if(imgid.style.visibility == "visible")
13      imgid.style.visibility = "hidden";
14  else
15      imgid.style.visibility = "visible";
16  setTimeout('show()',100);
17  }
18  show();
19  </script>
20  </body>
```

图 7-4　不断闪烁图像代码

通过不断修改图片 imgid 的 visibility 取值,来对图像的显示隐藏属性进行修改,从而实现了图片不断闪烁的动态效果。其中,通过 setTimeout('show()',100)语句来设置图片闪烁的间隔时间,如果将参数 100 增加,则图片闪烁的频率将会降低;如果将参数 100 减小,则图片闪烁的频率将会增加。

## 7.3　时间和日期特效

本节主要介绍利用 JavaScript 实现时间和日期特效,主要包括在标题栏中显示分时问候语、显示当前系统时间,以及星期查询等功能。这里主要会使用到 Date 对象的属性和方法来获得日期、时间等信息,并将获得的内容在不同位置显示出来。Date 对象主要包含 set 和 get 两个方法,set 用于设置时间和日期值,get 用于获取时间和日期值。

### 7.3.1 标题栏显示分时问候语

本小节主要实现的效果是根据系统时间的不同,在标题栏中显示不同的问候语,在 Dreamweaver 软件中新建网页文件 chap7_7.html,输入以下代码到＜head＞和＜/head＞标签之间。

```
<script>
<!--
now = new Date(),hour = now.getHours()
var msg = "分时问候"
if(hour < 6){msg = "凌晨好!"}
else if (hour < 9){msg = "早上好!"}
else if (hour < 12){msg = "上午好!"}
else if (hour < 14){msg = "中午好!"}
else if (hour < 17){msg = "下午好!"}
else if (hour < 19){msg = "傍晚好!"}
else if (hour < 22){msg = "晚上好!"}
else {msg = "夜里好!"}
window.document.title = msg
</script>
```

其中,参数 now 和 hour 分别提取了系统日期与当前时间;参数 msg 根据不同时间被赋予了不同的问候语,根据 hour 时间的不同取值,在窗口的标题栏中显示 msg 的文本信息。运行效果如图 7-5 所示。

```
夜里好!现在时间是22点!
```

图 7-5 分时显示问候语

要在页面内显示信息,可以通过在＜body＞和＜/body＞内添加如图 7-6 所示代码来实现。语句"document.write()"用于实现在网页中直接显示文字内容,语句"document.write"("现在时间是"＋hour＋"点!")用于实现在网页中显示当前时间。

图 7-6 页面内提示信息代码

## 7.3.2 显示当前系统时间

可以通过 now 来分别提取系统时间的时钟和分钟两个部分,但是需要注意的是,提取出来的值都为数值类型。如果要显示成如图 7-7 所示时间格式,可以在网页中添加如图 7-8 所示代码来实现。

图 7-7 显示系统当前时间   图 7-8 显示系统当前时间代码

## 7.3.3 星期查询功能

通过 date 提取系统日期后,可以通过 getdate() 方法获得星期几的取值。添加如图 7-9 所示代码在网页的<body>和</body>标签内。

执行程序后,根据取值判断,将在网页中显示"今天是周※"的文字信息。

图 7-9 星期查询

## 7.4 鼠 标 特 效

本节主要介绍如何利用 JavaScript 实现鼠标特效,主要涉及屏蔽鼠标右键、获取鼠标位置坐标、移动时改变鼠标指针外观等功能。

### 7.4.1 屏蔽鼠标右键

本小节主要介绍通过 JS 实现屏蔽鼠标右键的方法,浏览者在访问网页的时候就不能够再右击了。

在 Dreamweaver 软件中新建网页文件 chap7_8.html,在 body 标签中加入 onmousedown="rclick()" oncontextmenu="nocontextmenu()"语句,然后添加相应代码在<body>和</body>之间。

```
<!DOCTYPE html PUBLIC "-//W3C//DTD XHTML 1.0 Transitional//EN" "http://www.w3.org/TR/xhtml1/DTD/xhtml1-transitional.dtd">
<html xmlns="http://www.w3.org/1999/xhtml">
  <head>
    <meta http-equiv="Content-Type" content="text/html; charset=utf-8" />
    <title>屏蔽鼠标右键</title>
  </head>

  <body onmousedown="rclick()" oncontextmenu="nocontextmenu()">
  <p>
    <script language="javascript">
      <!--
```

```
function rclick()
{
  if(document.all) {
    if (event.button == 2){
      event.returnvalue = false;
    }
  }
}
-->
</script>
<br>详细情况请查看代码。<br>
<br>
现在已经屏蔽你的鼠标右键了。</p>
</body>
</html>
```

### 7.4.2 获取鼠标位置坐标

用 JavaScript 来获取当前页面上鼠标指针位置在许多情况下都会用到,比如拖放、悬停提示(tooltip)等。本节主要介绍 JS 获取鼠标指针位置的方法,结合实例详细分析 JavaScript 响应鼠标事件获取并操作页面元素属性的相关技巧。

在 Dreamweaver 软件中新建网页文件 chap7_9.html,修改标题为"获取鼠标位置坐标",并将以下代码添加到<body>和</body>标签之间。

```
<script>
function mouseMove(ev)
{
  ev = ev || window.event;
  var mousePos = mouseCoords(ev);
  document.getElementById("xxx").value = mousePos.x;
  document.getElementById("yyy").value = mousePos.y;
}

function mouseCoords(ev)
{
  if(ev.pageX || ev.pageY){
    return {x:ev.pageX, y:ev.pageY};
  }
  return {
    x:ev.clientX + document.body.scrollLeft - document.body.clientLeft,
    y:ev.clientY + document.body.scrollTop - document.body.clientTop
  };
}
document.onmousemove = mouseMove;
</script>
鼠标 X 轴:
<input id = xxx type = text>

鼠标 Y 轴:
<input id = yyy type = text>
```

首先声明 event 对象,在做移动、单击、按键等操作时,都会激活一个 event,event 是全局变量,会被存储在 window.event 里。当我们将 mouseMove 函数赋值于 document.onmousemove,利用 mouseMove 函数就能获取鼠标移动事件,从而记录新的鼠标指针位置。

运行程序,通过文本框的方式输出显示坐标位置,如图 7-10 所示。随着鼠标的移动,文本框中的数值会不断发生改变。

图 7-10 提取鼠标位置

### 7.4.3 移动时改变鼠标指针外观

在网页中,经常会看到当鼠标指针移动到某个元素的区域上,鼠标指针会改变原有指针样式,这一节介绍一下这个效果的实现方式。打开 Dreamweaver 软件,在网页中插入 2 行 1 列,宽 200 像素表格,并在第一行中居中插入图像 7-7.jpg,预览网页效果如图 7-11 所示。

图 7-11 网页初始状态

在 Dreamweaver 软件中新建网页文件 chap7_10.html,将如下代码添加到<head>和</head>标签之间,实现单击隐藏菜单功能。

```
<script type="text/javascript">//实现单击隐藏
    function menuChange(obj,menu)
    {
    if(menu.style.display == "none")
    {
     menu.style.display = "";
    }
    else
    {
     menu.style.display = "none";
    }
    }
</script>
```

修改图片所在行代码信息如下:

```
<tr style="cursor:crosshair">
    <td onmouseover="this.className = 'menu_title2';" onmouseout="this.className = 'menu_title';" onclick="menuChange(this,menu1);">
```

```
                < img src = "pic/chap7_7.jpg" name = "img1" width = "200" height = "200" id = "img1" style =
                "cursor:hand"/></td>
        </tr>
```

其中,通过 style="cursor:crosshair"语句,对在该行范围内鼠标样式进行了重新定义。当前多数浏览器会支持如图 7-12 所示指针样式,如希望鼠标指针移动到某个元素上改变鼠标样式,只需将鼠标在这个元素的样式里加上 cursor:(样式名称)即可。案例中将鼠标指针样式定义为 crosshair 样式。

| I auto | ✥ move | 👆 no-drop | ↔ col-resize |
|---|---|---|---|
| ✥ all-scroll | 👉 pointer | ⊘ not-allowed | ↕ row-resize |
| + crosshair | ⌛ progress | ↔ e-resize | ↗ ne-resize |
| ▷ default | I text | ↕ n-resize | ↖ nw-resize |
| ❓ help | ↦ vertical-text | ↕ s-resize | ↘ se-resize |
| I inherit | ⌛ wait | ↔ w-resize | ↙ sw-resize |

图 7-12 鼠标样式

在第二个单元格中添加程序如下:

```
< td > < div class = "sec_menu" id = "menu1" style = "display :none ;">
                ……菜单一……
                ……菜单二……
        </div>
</td>
```

实现了当单击图片时弹出菜单效果。如图 7-13 所示,当将鼠标指针移动到图片上方时,显示成"+"状态,单击后弹出菜单,再次单击时隐藏菜单。

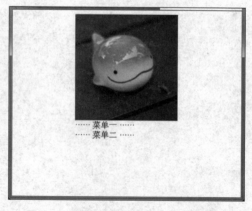

图 7-13 改变鼠标指针样式并弹出菜单

## 7.5 菜单特效

本节主要介绍如何利用 JavaScript 实现网页菜单特效,主要涉及左键弹出菜单、下拉菜单、滚动菜单控制等功能。

## 7.5.1 左键弹出菜单

在 Dreamweaver 软件中新建网页文件 chap7_11.html,将以下代码添加到<body>和</body>标签之间。

```
<script>
  document.onclick = popUp
  function popUp() {
  newX = window.event.x + document.body.scrollLeft
  newY = window.event.y + document.body.scrollTop
  menu = document.all.itemopen
    if ( menu.style.display == ""){
      menu.style.display = "none" }
    else {
      menu.style.display = ""}
      menu.style.pixelLeft = newX - 50
      menu.style.pixelTop = newY - 50
  }
</script>
<table id = "itemopen" class = "box" style = "display:none">
<tr><td><a href = "#" class = "cc">弹出菜单一</a></td></tr>
<tr><td><a href = "#" class = "cc">弹出菜单二</a></td></tr>
<tr><td><a href = "#" class = "cc">弹出菜单三</a></td></tr>
<tr><td><a href = "#" class = "cc">弹出菜单四</a></td></tr>
</table>
```

其中,JavaScript 代码部分用来定义弹出效果,页面内<table>和</table>之间用来设置显示的菜单内容。执行效果如图 7-14 所示。

图 7-14 弹出菜单

## 7.5.2 下拉菜单

下拉菜单是经常使用的一种页面效果,在 Dreamweaver 软件中新建网页文件 chap7_12.html,在网页文件中<head>和</head>标签之间添加如图 7-15 所示代码来定义菜单样式与显示隐藏样式。

```
<style type="text/css">
<!--
body {
font: normal 11px verdana;
}
ul {
margin: 0;
padding: 0;
list-style: none;
width: 150px; /* Width of Menu Items */
border-bottom: 1px solid #ccc;
}
ul li {
position: relative;
}
li ul {
position: absolute;
left: 149px; /* Set 1px less than menu width */
top: 0;
display: none;
}
/* Styles for Menu Items */
ul li a {
display: block;
text-decoration: none;
color: #777;
background: #fff; /* IE6 Bug */
padding: 5px;
border: 1px solid #ccc; /* IE6 Bug */
border-bottom: 0;
}
/* Holly Hack. IE Requirement \*/
* html ul li { float: left; height: 1%; }
* html ul li a { height: 1%; }
/* End */
li:hover ul, li.over ul { display: block; } /* The magic */
-->
</style>
```

图 7-15　菜单样式定义

在＜head＞和＜/head＞标签之间继续添加如下代码，实现对菜单列表的控制。

```
<script>
  //JavaScript Document
  startList = function() {
    if (document.all&&document.getElementById) {
      navRoot = document.getElementById("nav");
      for (i = 0; i < navRoot.childNodes.length; i++) {
      node = navRoot.childNodes;
        if (node.nodeName == "LI") {
          node.onmouseover = function() {
            this.className += " over";
          }
          node.onmouseout = function() {
            this.className = this.className.replace(" over", "");
          }
        }
      }
    }
  }
  window.onload = startList;
</script>
```

同时，在＜body＞和＜/body＞标签之间添加如图 7-16 所示代码，设置菜单内容，并暂时设定了菜单空跳转链接。

运行程序,执行效果如图 7-17 所示,当鼠标指针悬停在主菜单上时,会显示出下一级菜单内容,单击菜单项可进行空链接跳转。

```
<ul id="nav">
<li><a href="#">主页</a></li>
<li><a href="#">关于我们</a>
<ul>
<li><a href="#">公司文化</a></li>
<li><a href="#">公司团队</a></li>
<li><a href="#">公司业务</a></li>
</ul>
</li>
<li><a href="#">公司服务</a>
<ul>
<li><a href="#">网站设计</a></li>
<li><a href="#">网络运营</a></li>
<li><a href="#">历史记录</a></li>
<li><a href="#">经典案例</a></li>
<li><a href="#">案例展示</a></li>
</ul>
</li>
<li><a href="#">联系我们</a>
<ul>
<li><a href="#">欧洲</a></li>
<li><a href="#">法国</a></li>
<li><a href="#">美国</a></li>
<li><a href="#">澳大利亚</a></li>
</ul>
</li>
</ul>
```

图 7-16 下拉菜单内容

图 7-17 下拉菜单运行效果

### 7.5.3 滚动菜单

本小节主要介绍网页特效中的滚动菜单效果。如图 7-18 所示,当鼠标指针悬停在某一层主菜单上后,会打开不同分类菜单,从而可以进行菜单项选择。

图 7-18 滚动菜单效果

在 Dreamweaver 软件中新建网页文件 chap7_13.html,在<head>和</head>标签之间添加如下代码,进行样式定义。

```css
<style type="text/css">
body{
    margin:10px;
    padding:10px;
}
a:link { text-decoration: none;color: blue}
a:active { text-decoration:blink}
a:hover { text-decoration:underline;color: red}
a:visited { text-decoration: none;color: green}
body,td,div,span,li{
    font-size:12px;
}
.title01,.title02{
    color:#00b;
    font-weight:bold;
}
#DoorP{
    width:200px;
    height:300px;
    padding:0px;
    background:#FFFCF2;
    overflow:hidden;
}
.title01{
    width:100%;
    height:25px;
    background:#FFFCF2;
    cursor:pointer;
}
.title02{
    width:100%;
    height:25px;
    background:#FFFCF2;
    cursor:pointer;
}
.zzjs__net{
    background:#FFFCF2;
    border-bottom:2px solid #fff;
    overflow:hidden;
    color:#666;
    padding-left:4px;
    padding-right:4px;
    line-height:18px;
}
.www_zzjs_net {
    width:202px;
}
.www_zzjs_net .b1, .www_zzjs_net .b2, .www_zzjs_net .b3, .www_zzjs_net .b4 {
    font-size:1px;
    display:block;
```

```css
    background:#FFFCF2;
    overflow:hidden;
}
.www_zzjs_net .b1, .www_zzjs_net .b2, .www_zzjs_net .b3 {
    height:1px;
}
.www_zzjs_net .b2, .www_zzjs_net .b3, .www_zzjs_net .b4 {
    background:#FFFCF2;
    border-left:1px solid #C7BC98;
    border-right:1px solid #C7BC98;
}
.www_zzjs_net .b1 {
    margin:0 4px;
    background:#C7BC98;
}
.www_zzjs_net .b2 {
    margin:0 2px;
    border-width:0 2px;
}
.www_zzjs_net .b3 {
    margin:0 1px;
}
.www_zzjs_net .b4 {
    height:2px;
    margin:0;
}
.www_zzjs_net .c1 {
    margin:0 5px;
    background:#C7BC98;
}
.www_zzjs_net .c2 {
    margin:0 3px;
    border-width:0 2px;
}
.www_zzjs_net .c3 {
    margin:0 2px;
}
.www_zzjs_net .c4 {
    height:2px;
    margin: 0 1px;
}
.www_zzjs_net .zzjs_net {
    display:block;
    background:transparent;
    border-left:1px solid #C7BC98;
    border-right:1px solid #C7BC98;
    font-size:0.9em;
    text-align:justify;
}
</style>
```

在<body>和</body>标签之间,添加如下代码,来实现鼠标指针经过时可以进行判断和选择。<table>和</table>标签之间内容为网页页面呈现静态文本等内容,其后JavaScript程序实现了交互功能。

```
<div class = "www_zzjs_net">
<b class = "b1 c1"></b>
<b class = "b2 c2"></b>
<b class = "b3 c3"></b>
<b class = "b4 c4"></b>
<div class = "zzjs_net">
<div id = "DoorP">
//设置显示内容
<table>
  <tr>
   <td align = "center">
     菜单一
   </td>
  </tr>
</table>
<div class = "zzjs__net" align = "center">
  <a href = "#">分类 1 - 1</a><br/>分类 1 - 2<br/>分类 1 - 3<br/>
</div>
    <b class = "b1"></b>
    <b class = "b2"></b>
    <b class = "b3"></b>
    <b class = "b4"></b>
<table>
  <tr>
   <td align = "center">
     菜单二
   </td>
  </tr>
</table>
<div class = "zzjs__net" align = "center">
  <a href = "#">分类 2 - 1</a><br/>分类 2 - 2<br/>分类 2 - 3<br/>
</div>
    <b class = "b1"></b>
    <b class = "b2"></b>
    <b class = "b3"></b>
    <b class = "b4"></b>
<table>
  <tr>
   <td align = "center">
     菜单三
   </td>
  </tr>
</table>
<div class = "zzjs __ net" align = "center">
  <a href = "#">分类 3 - 1</a><br/>分类 3 - 2<br/>分类 3 - 3<br/>
```

```
</div>
</div></div>
<b class="b4 c4"></b>
<b class="b3 c3"></b>
<b class="b2 c2"></b>
<b class="b1 c1"></b>

//设置互动效果
<script type="text/javascript">
var open = 2;
var openState = new Array();
var closeState = new Array();
var dH = 220;
function $(id){
  if(document.getElementById(id))
  {
    return document.getElementById(id);
  }
  else
  {
    alert("没有找到!");
  }
}
function $tag(id,tagName){
  return $(id).getElementsByTagName(tagName)
}
function closeMe(Cid,Oid){
  var h = parseInt(Ds[Cid].style.height);
  //alert(h);
  if(h > 2)
  {
    h = h - Math.ceil(h/3);
    Ds[Cid].style.height = h + "px";
  }
  else
  {
    openMe(Oid);
    clearTimeout(closeState[Cid]);
    return false;
  }
  closeState[Cid] = setTimeout("closeMe(" + Cid + "," + Oid + ")");
}
function openMe(Oid){
  var h = parseInt(Ds[Oid].style.height);
  //alert(h);
  if(h < dH)
  {
    h = h + Math.ceil((dH - h)/3);
    Ds[Oid].style.height = h + "px";
  }
```

```
    else
    {
     clearTimeout(openState[Oid]);
     return false;
    }
    openState[Oid] = setTimeout("openMe(" + Oid + ")");
  }
  var Ds = $tag("DoorP","div");
  var Ts = $tag("DoorP","table");
  if(Ds.length != Ts.length)
  {
    alert("标题和内容数目不相同!");
  }
  for(var i = 0 ; i < Ds.length ; i++)
  {
    if(i == open)
    {
     Ds[i].style.height = dH + "px";
     Ts[i].className = "title01";
    }
    else
    {
     Ds[i].style.height = "0px";
     Ts[i].className = "title02";
    }
    Ts[i].value = i;
    Ts[i].onmouseover = function(){
     if(open == this.value)
     {
      return false;
     }
     Ts[open].className = "title02";
     Ts[this.value].className = "title01";
     for(var i = 0 ; i < openState.length ; i++)
     {
      clearTimeout(openState[i]);
      clearTimeout(closeState[i]);
     }
     closeMe(open,this.value);
     //openMe(this.value);
     open = this.value;
    }
  }
}
function showDiv(id){
  Ds[id].style.height = dH + "px";
  Ds[open].style.height = "0px";
  open = id;
}
</script>
```

## 7.6 表单特效

本节主要介绍利用 JavaScript 实现表单特效,主要涉及控制用户输入字符个数、设置单选按钮、设置复选框、设置下列菜单等功能。

表单是一个由文本和表单域组成的集合,是为 Internet 用户在浏览器上提供一个交互接口,使 Internet 用户可以在这个接口上输入自己的信息,然后使用提交按钮,将 Internet 用户的输入信息传送给 Web 服务器。每个表单由一个表单域和若干个表单元素组成,所有表单元素要放到表单域中才会生效。表单标签是<form>,主要有文本、单选按钮、复选按钮、列表/菜单、跳转菜单、图像域、按钮、标签等元素构成,根据页面需要进行选择使用。

### 7.6.1 控制用户输入字符个数

<textarea>是常用表单元素之一,主要用于文本信息的录入。在网页中,我们经常会看到需要浏览者输入文本信息的情况,而且往往对输入字符数量有一定的限制,本小节将介绍一种对用户输入字符个数进行限制的方法。对于长度的判断,分别从对最大字符数判断、针对字符和汉字进行判断以及对于文字超出限制长度时进行的约束等方面入手。

在 Dreamweaver 软件中新建网页文件 chap7_14.html,将如下代码插入<head>和</head>标签之间,用来实现对内容长度的判断与约束。

```
<title>限制表单输入长度</title>
<script>
function lengthLimit(elem, showElem, max){
var elem = document.getElementById(elem);
var showElem = document.getElementById(showElem);
var max = max || 50;    //最大限度字符,汉字按两个字符计算
function getTextLength(str){//获取字符串的长度,一个汉字为2个字符
  return str.replace(/[^\x00-\xff]/g,"xx").length;
};
//监听 textarea 的内容变化
if(/msie (\d+\.\d)/i.test(navigator.userAgent) == true){//区分 IE
  elem.onpropertychange = textChange;
}else{
  elem.addEventListener("input", textChange, false);
}
function textChange(){//内容变化时的处理
  var text = elem.value;
  var count = getTextLength(text);
  if(count > max){//文字超出截断
    for(var i = 0; i<text.length; i++){
      if(getTextLength(text.substr(0, i)) >= max){
        elem.value = text.substr(0, i);
        break;
      };
    }
```

```
}else{ break;
};
};
textChange();    //加载时先初始化
};
</script>
```

在＜body＞和＜/body＞标签之间添加如下代码，显示页面内必要信息，实现对前面判断的引用。

```
<form id="form1" name="form1" method="post" action="">
  <table width="500" border="0" cellspacing="0" cellpadding="0">
    <tr>
      <td width="98">留言</td>
      <td width="402"><textarea name="textarea" cols="50" rows="5" id="commentText">
      </textarea></td>
    </tr>
    <tr>
      <td> </td>
      <td>最多输入 20 个汉字或者 40 个字符</td>
    </tr>
  </table>
  <div id="dsa"></div>
  <script type="text/javascript">
    lengthLimit("commentText", "dsa", 40);
  </script>
</form>
```

运行程序，执行效果如图 7-19 所示，当输入内容达到指定字符数时，不能再继续添加内容。

图 7-19　控制用户输入字符个数

## 7.6.2　设置单选按钮

单选按钮在网页中是比较常用的一类表单元素，通过遍历单选按钮组中的所有选项，确定被选择的选项，提取选项内容，并通过对话框反馈选项内容信息。

在 Dreamweaver 软件中新建网页文件 chap7_15.html，将如下代码添加在＜head＞和＜/head＞标签之间，实现对按钮发送事件的定义、获得选项取值。

```
<script>
  function getChoice(){
    var oForm = document.forms["myForm1"];
    var aChoice = oForm.camera;
    for(i=0;i<aChoice.length;i++){
      if(aChoice[i].checked)
      break;
    }
    alert("您使用的相机品牌是:" + aChoice[i].value);
  }
  function setChoice(iNum){
    var oForm = document.forms["myForm1"];
    oForm.camera[iNum].checked = true;
  }
</script>
```

在<body>和</body>标签之间放置如下代码,设置页面显示内容。其中,通过语句"onClick="getChoice();" onClick="getChoice();""实现单击按钮时调用前面<head>和</head>中的 getChoice()函数。

```
<form method="post" name="myForm1" action="">
  <p>您喜欢的相机品牌</p>
  <p>
    <input type="radio" name="camera" id="canon" value="Canon">
    <label for="canon">Canon</label>
  </p>
  <p>
    <input type="radio" name="camera" id="nikon" value="Nikon">
    <label for="nikon">Nikon</label>
  </p>
  <p>
    <input type="radio" name="camera" id="sony" value="Sony">
    <label for="sony">Sony</label>
  </p>
  <p>
    <input type="radio" name="camera" id="pentax" value="Tentax">
    <label for="pentax">Tentax</label>
  </p>
  <p>
    <input type="button" value="检查选中对象" onClick="getChoice();">
    <input type="button" value="设置为 Canon" onClick="setChoice(0);">
  </p>
</form>
```

运行程序,执行结果如图 7-20 所示,选择某一项时,单击"检查选中对象"按钮,提取单选按钮选项内容信息,并弹出反馈对话框。单击"设置为 Canon"按钮时,无论原来选的是哪一项,都将设置 Canon 为被选中状态。

图 7-20　设置单选按钮

### 7.6.3　设置复选框

复选框在网页中有大量应用,在日常应用中通常会看到需要同时选中多个选项的情况,这个时候一般需要使用表单复选框元素来实现。

在 Dreamweaver 软件中新建网页文件 chap7_16.html,将如下代码添加到＜body＞和＜/body＞标签之间。

```
<table border="1">
    <tr>
        <th><input type="checkbox" class="choose-all-input" onclick="clickChooseAllInput()" checked="checked" style="display:none"/>
        选择</th>
        <th>学号</th>
        <th>姓名</th>
        <th>班级</th>
    </tr>
    <tr>
        <td><input type="checkbox" class="choose-single" /></td>
        <td>001</td>
        <td>张三</td>
        <td>李四</td>
    </tr>
    <tr>
        <td><input type="checkbox" class="choose-single" /></td>
        <td>002</td>
        <td>F20</td>
        <td>F20</td>
    </tr>
</table>
<button onclick="clickChooseAllBtn()">全选</button>
<button onclick="clickChooseReverse()">反选</button>
```

将如下代码添加到＜head＞和＜/head＞标签之间。

```
<script type="text/javascript">
    var chooseAllInputEle = document.getElementsByClassName("choose-all-input")[0];
    var chooseSingleEles = document.getElementsByClassName("choose-single");
```

```
        function clickChooseAllInput() {
            if (chooseAllInputEle.checked) {
                choose("selected");
            } else {
                choose("");
            }
        }
        function clickChooseAllBtn() {
            chooseAllInputEle.checked = "checked";
            choose("selected");
        }
        function choose(status) {
            for (var i = 0; i < chooseSingleEles.length; i++) {
                chooseSingleEles[i].checked = status;
            }
        }

        function clickChooseReverse() {
            for (var i = 0; i < chooseSingleEles.length; i++) {
                if (chooseSingleEles[i].checked) {
                    chooseSingleEles[i].checked = "";
                } else {
                    chooseSingleEles[i].checked = "checked";
                }
            }
        }
    </script>
```

其中,在"选择"单元格中的复选框并没有显示出来,通过 style="display：none",实现对标题行复选框的隐藏。

运行程序,执行结果如图 7-21 所示,当单击"全选"按钮时,其上方复选框可同时被选中多项,单击"反选"按钮时,原来选择的复选框被取消选中,原来没有选择的则被选中。

图 7-21　设置复选框

### 7.6.4　设置下列菜单

在下拉菜单的应用中最重要的莫过于访问被用户选中的选项,对于只用于单选的下拉菜单可以通过 selectedIndex 属性轻松地访问到用户选项。

在 Dreamweaver 软件中新建网页文件 chap7_17.html,在<head></head>标签之间,添加如下代码,设置提示信息功能。

```
<script>
function checkSingle(){
  var oForm = document.forms["myForm1"];
  var oSelectBox = oForm.constellation;
  var iChoice = oSelectBox.selectedIndex;    //获取选中项
  alert("您选中了:" + oSelectBox.options[iChoice].text);
}
</script>
```

其中,通过语句oSelectBox.options[iChoice].text来获得选项值。在<body>与</body>标签之间添加如下代码,用来设置页面显示内容与交互。

```
<form method="post" name="myForm1" action="">
  <table width="200" border="0" cellspacing="0" cellpadding="0">
    <tr>
      <td><p>请选择城市
        <select id="constellation" name="constellation">
          <option value="Aries" selected="selected">北京</option>
          <option value="Taurus">上海</option>
          <option value="Gemin">天津</option>
          <option value="Leo">深圳</option>
          <option value="Virgo">内蒙古</option>
        </select>
      </p></td>
    </tr>
    <tr>
      <td><input type="button" value="查看选项" onclick="checkSingle();" /></td>
    </tr>
  </table>
  <p> </p>
</form>
```

执行程序,运行结果如图7-22所示,通过下列菜单选择某选项后,单击"查看选项"按钮,会弹出提示框,反馈所选择的内容。

图7-22 设置下列菜单

## 7.7 其他常用特效

### 7.7.1 js页面加载进度条

在Dreamweaver软件中新建网页文件chap7_18.html，输入如下代码。

```html
<html>
  <head>
  <title>进度条</title>
  <style type="text/css">
  .container{
      width:450px;
      border:1px solid #6C9C2C;
      height:25px;
  }
  #bar{
      background:#95CA0D;
      float:left;
      height:100%;
      text-align:center;
      line-height:150%;
  }
  </style>
  <script type="text/javascript">
    function run(){
      var bar = document.getElementById("bar");
      var total = document.getElementById("total");
      bar.style.width = parseInt(bar.style.width) + 1 + "%";
      total.innerHTML = bar.style.width;
      if(bar.style.width == "100%"){
         window.clearTimeout(timeout);
         return;
      }
      var timeout = window.setTimeout("run()",100);
    }
    window.onload = function(){
       run();
    }
  </script>

  </head>
  <body>
    <div class="container">
      <div id="bar" style="width:0%;"></div>
    </div>
    <span id="total"></span>
  </body>
</html>
```

执行程序，运行结果如图7-23所示。

图 7-23 进度条

### 7.7.2 js 实现简单选项卡与自动切换效果

在 Dreamweaver 软件中新建网页文件 chap7_19.html，输入如下代码。

```
<html>
  <head>
    <meta charset="gb2312" />
    <title>选项卡</title>
    <style>
      body,ul,li{
        margin:0;
        padding:0;
        font:12px/1.5 arial;
      }
      ul,li{
        list-style:none;
      }
      .wrap{
        width:500px;
        margin:20px auto;
      }
      .hide{
        display:none;
      }
      #tab_t{
        height:25px;
        border-bottom:1px solid #ccc;
      }
      #tab_t li{
        float:left;
        width:80px;
        height:24px;
        line-height:24px;
        margin:0 4px;
        text-align:center;
        border:1px solid #ccc;
        border-bottom:none;
        background:#f5f5f5;
        cursor:pointer
```

```css
    }
    #tab_t .act{
      position:relative;
      height:25px;
      margin-bottom:-1px;
      background:#fff;
    }
    #tab_c{
      border:1px solid #ccc;
      border-top:none;
      padding:20px;
    }
</style>
<script>
window.onload = function(){
    tab("tab_t","li","tab_c","div","onmouseover")
    function tab(tab_t,tab_t_tag,tab_c,tag_c_tag,evt){
    var tab_t = document.getElementById(tab_t);
    var tab_t_li = tab_t.getElementsByTagName(tab_t_tag);
    var tab_c = document.getElementById(tab_c);
    var tab_c_li = tab_c.getElementsByTagName(tag_c_tag);
    var len = tab_t_li.length;
    var i = 0;
    var timer = null;
    var num = 0;
     for(i = 0; i < len; i++){
      tab_t_li[i].index = i;
      tab_t_li[i][evt] = function(){
        clearInterval(timer);
        num = this.index;
        tab_change()
      }
      tab_t_li[i].onmouseout = function(){
        autoplay();
      }
     }
    function tab_change(){
     for(i = 0; i < len; i++){
      tab_t_li[i].className = '';
      tab_c_li[i].className = 'hide';
     }
      tab_t_li[num].className = 'act';
      tab_c_li[num].className = '';
    }
    function autoplay(){
      timer = setInterval(function(){
        num++;
        if(num >= len) num = 0;
        tab_change();
      },1000);
```

```html
            }
            autoplay();
        }
    }
    </script>
</head>
<body>
    <div class = "wrap">
        <ul id = "tab_t">
        <li class = "act">选项卡一</li>
        <li>选项卡二</li>
        <li>选项卡三</li>
        <li>选项卡四</li>
        </ul>
        <div id = "tab_c">
        <div>内容1</div>
        <div class = "hide">内容2</div>
        <div class = "hide">内容3</div>
        <div class = "hide">内容4</div>
        </div>
    </div>
</body>
</html>
```

执行程序，运行结果如图7-24所示。

图7-24 选项卡

## 课 后 练 习

1. 编写一个JavaScript程序，获取日期前天、昨天、今天、明天和后天，并展现在网页中，实现如图7-25所示效果。

2. 编写一个JavaScript程序，实现复选框的全选、全不选以及反选功能，网页呈现效果如图7-26所示。

图 7-25 获取日期

图 7-26 设置多选框

# 第 8 章

# jQuery 基础

Chapter 8

| 学习目标 | 掌握 jQuery 的基本语法知识；<br>掌握 jQuery 对象的使用方法；<br>理解 jQuery 对象与 DOM 对象的区别。 |

## 8.1 jQuery 概述

### 8.1.1 jQuery 简介

对于 jQuery 的起源要从 JavaScript 说起。JavaScript 是网景公司在它自己的 LiveScript 基础上产生的。JavaScript 的出现是前台脚本语言发展的一个里程碑，它是一种基于对象的事件驱动的解释性语言，它的实时性、跨平台、简单易用并且相对安全的特点决定了它在 Web 前台设计开发应用中的重要地位。

但是，随着浏览器种类的推陈出新，JavaScript 的兼容性受到了挑战。另外，随着对前台设计效果的要求越来越高，JavaScript 语言本身所提供的功能也越来越难以符合设计开发者的要求。2006 年，美国人 John Resig 创建了 JavaScript 的另一个框架，它就是 jQuery。

与 JavaScript 相比，jQuery 更简洁，对浏览器的兼容性更强，语法更灵活，例如，使用一个 $ 符号就可以遍历文档中的各级元素。

下面通过实例即实现隔行变色的表格来具体说明 jQuery 的优势。

【案例】 隔行变色的表格。

页面中经常会遇到各种各样的数据表格，例如学校的人员花名册，公司的年度收入报表，股市的行情统计，等等。当表格的行列数很多，并且数据量很大的时候，对单元格如果采用相同的背景色，用户在实际使用时会感到非常不便。通常的解决办法就是采用隔行变色，奇数行和偶数行的背景颜色不一样，达到数据一目了然的目的，效果如图 8-1 所示。

**1. CSS 实现隔行变色的表格**

对于纯 CSS 页面，要实现隔行变色的效果，通常是给偶数行的<tr>标记添加上单独的 CSS 样式，代码如下：

```
< tr class = "altrow">
```

而奇数行保持表格本身的背景颜色不变。

图 8-1  隔行变色效果图

新建文件 chap8_1.html,代码如下:

```html
<html>
  <head>
    <title>CSS实现隔行变色的表格</title>
    <style>
    .datalist{
        border:1px solid #007108;
        font-family:Arial;
        border-collapse:collapse;
        background-color:#d9ffdc;
        font-size:14px;
    }
    .datalist th{
        border:1px solid #007108;
        background-color:#00a40c;
        color:#FFFFFF;
        font-weight:bold;
        padding-top:4px; padding-bottom:4px;
        padding-left:12px; padding-right:12px;
        text-align:center;
    }
    .datalist td{
        border:1px solid #007108;
        text-align:left;
        padding-top:4px; padding-bottom:4px;
        padding-left:10px; padding-right:10px;
    }
    .datalist tr.altrow{
        background-color:#a5e5aa;
    }
    </style>
  </head>
  <body>
    <table class="datalist" summary="list of members in EE Studay" id="oTable">
      <tr>
        <th width="144" scope="col">起止时间</th>
        <th scope="col">研修地点</th>
```

```html
            <th scope="col">研修内容</th>
            <th scope="col">课时</th>
            <th scope="col">考核结果</th>
        </tr>
        <tr><!-- 奇数行 -->
            <td>2001</td>
            <td width="299"><p>北京师范大学</p></td>
            <td width="292"><p>青年教师职业技能培训</p></td>
            <td width="151"><p>90</p></td>
            <td width="134"><p>合格</p></td>
        </tr>
        <tr class="altrow"><!-- 偶数行 -->
            <td>2002</td>
            <td width="299"><p>中央美院大</p></td>
            <td width="292"><p>MAYA课程培训</p></td>
            <td width="151">180</p></td>
            <td width="134"><p>合格</p></td>
        </tr>
        <tr><!-- 奇数行 -->
            <td>2003</td>
            <td width="299"><p>北京电视广播大学</p></td>
            <td width="292"><p>项目式教学培训</p></td>
            <td width="151"><p align="left">90</p></td>
            <td width="134"><p>合格</p></td>
        </tr>
        <tr class="altrow"><!-- 偶数行 -->
            <td>2004</td>
            <td width="299"><p>首都师范大学</p></td>
            <td width="292"><p>教学评价改革培训</p></td>
            <td width="151"><p>80</p></td>
            <td width="134"><p>合格</p></td>
        </tr>
        <tr><!-- 奇数行 -->
            <td>2005</td>
            <td width="299"><p>百度培训中心</p></td>
            <td width="292"><p>淘宝装修培训</p></td>
            <td width="151"><p>90</p></td>
            <td width="134"><p>合格</p></td>
        </tr>
        <tr class="altrow"><!-- 偶数行 -->
            <td>2006</td>
            <td width="299"><p>百度培训中心</p></td>
            <td width="292"><p>网站推广培训</p></td>
            <td width="151"><p>100</p></td>
            <td width="134"><p>合格</p></td>
        </tr>
        <tr><!-- 奇数行 -->
            <td>2007</td>
            <td width="299"><p>北大青鸟培训中心</p></td>
            <td width="292"><p>网站优化培训</p></td>
```

```html
        <td width="151"><p>85</p></td>
        <td width="134"><p>合格</p></td>
</tr>
<tr class="altrow"><!-- 偶数行 -->
        <td>2008</td>
        <td width="299"><p>北京理工大学</p></td>
        <td width="292"><p>ITAT新兴产业高峰论坛培训<br/>
        移动互联培训</p></td>
        <td width="151"><p>95</p></td>
        <td width="134"><p>合格</p></td>
</tr>
<tr><!-- 奇数行 -->
        <td>2009</td>
        <td width="299"><p>北京电视广播大学</p></td>
        <td width="292"><p>远程教育培训</p></td>
        <td width="151"><p>90</p></td>
        <td width="134"><p>合格</p></td>
</tr>
<tr class="altrow"><!-- 偶数行 -->
        <td>2010</td>
        <td width="299"><p>北京电视广播大学</p></td>
        <td width="292"><p>微课培训</p></td>
        <td width="151"><p>90</p></td>
        <td width="134"><p>合格</p></td>
</tr>
<tr><!-- 奇数行 -->
        <td>2011</td>
        <td width="299"><p>清华大学出版社</p></td>
        <td width="292"><p>主编培训</p></td>
        <td width="151"><p>90</p></td>
        <td width="134"><p>合格</p></td>
</tr>
<tr class="altrow"><!-- 偶数行 -->
        <td>2012</td>
        <td width="299"><p>北京电商联盟</p></td>
        <td width="292"><p>网站优化培训</p></td>
        <td width="151"><p>200</p></td>
        <td width="134"><p>合格</p></td>
</tr>
<tr><!-- 奇数行 -->
        <td>2013</td>
        <td>华东大学</td>
        <td>创新教育培训</td>
        <td width="151"><p>85</p></td>
        <td width="134" class="altrow"><p>合格</p></td>
</tr>
<tr class="altrow"><!-- 偶数行 -->
        <td>2013</td>
        <td>西安科技大学</td>
```

```
            <td>互联网+讨论会</td>
            <td width="151"><p>95</p></td>
            <td width="134"><p>合格</p></td>
        </tr>
        <tr><!-- 奇数行 -->
            <td>2014</td>
            <td>华中科技大学</td>
            <td>物联网的未来研讨会</td>
            <td width="151"><p>90</p></td>
            <td width="134" class="altrow"><p>合格</p></td>
        </tr>
        <tr class="altrow"><!-- 偶数行 -->
            <td>2015</td>
            <td>河北大学</td>
            <td>网络营销培训会</td>
            <td width="151"><p>90</p></td>
            <td width="134"><p>合格</p></td>
        </tr>
        <tr><!-- 奇数行 -->
            <td>2016</td>
            <td>西北大学</td>
            <td>创新教育新形式研讨会</td>
            <td width="151"><p>90</p></td>
            <td width="134" class="altrow"><p>合格</p></td>
        </tr>
    </table>
</body></html>
```

使用纯 CSS 设置隔行变色需要将表格中所有的偶数行都手动加分别以处理，如果表格数据量大，则显得十分麻烦。另外，如果希望在某两行数据中间插入一行，则改动将更大。

### 2. 使用 JavaScript 实现隔行变色的表格

当在页面中引入 JavaScript 时，则不再需要一行行手动添加 CSS 类别样式，只需要用 for 循环遍历所有表格的行，当碰到行号为偶数时则添加单独的 CSS 类别，代码如下。

新建文件 chap8_2.html，代码如下：

```
<html>
<head>
    <title>JavaScript 实现隔行变色的表格</title>
    <style>
        <!--
        .datalist{
            border:1px solid #007108;        /* 表格边框 */
            font-family:Arial;
            border-collapse:collapse;        /* 边框重叠 */
            background-color:#d9ffdc;        /* 表格背景色 */
            font-size:14px;
```

```css
}
.datalist th{
    border:1px solid #007108;           /* 行名称边框 */
    background-color:#00a40c;           /* 行名称背景色 */
    color:#FFFFFF;                       /* 行名称颜色 */
    font-weight:bold;
    padding-top:4px; padding-bottom:4px;
    padding-left:12px; padding-right:12px;
    text-align:center;
}
.datalist td{
    border:1px solid #007108;           /* 单元格边框 */
    text-align:left;
    padding-top:4px; padding-bottom:4px;
    padding-left:10px; padding-right:10px;
}
.datalist tr.altrow{
    background-color:#a5e5aa;           /* 隔行变色 */
}
-->
</style>
<script language="javascript">
    window.onload = function(){
        var oTable = document.getElementById("oTable");
        for(var i = 0;i<oTable.rows.length;i++){
            if(i%2==0)                                    //偶数行时
                oTable.rows[i].className = "altrow";
        }
    }
</script>
</head>
    <body>
        <table class="datalist" summary="list of members in EE Studay" id="oTable">
            <tr>
                <th width="144" scope="col">起止时间</th>
                <th scope="col">研修地点</th>
                <th scope="col">研修内容</th>
                <th scope="col">课时</th>
                <th scope="col">考核结果</th>
            </tr>
            <tr>
                <td>2001</td>
                <td width="299"><p>北京师范大学</p></td>
                <td width="292"><p>青年教师职业技能培训</p></td>
                <td width="151"><p>90</p></td>
                <td width="134"><p>合格</p></td>
            </tr>
            <tr>
                <td>2002</td>
```

```
            <td width = "299"><p>中央美院大</p></td>
            <td width = "292"><p>MAYA课程培训 </p></td>
            <td width = "151"> 180 </p></td>
            <td width = "134"><p>合格 </p></td>
        </tr>
        <tr>
            <td>2003</td>
            <td width = "299"><p>北京电视广播大学 </p></td>
            <td width = "292"><p>项目式教学培训 </p></td>
            <td width = "151"><p align = "left"> 90 </p></td>
            <td width = "134"><p>合格 </p></td>
        </tr>
        <tr>
            <td>2004</td>
            <td width = "299"><p>首都师范大学 </p></td>
            <td width = "292"><p>教学评价改革培训  </p></td>
            <td width = "151"><p> 80 </p></td>
            <td width = "134"><p>合格 </p></td>
        </tr>
        <tr>
            <td>2005</td>
            <td width = "299"><p>百度培训中心 </p></td>
            <td width = "292"><p>淘宝装修培训 </p></td>
            <td width = "151"><p> 90 </p></td>
            <td width = "134"><p>合格 </p></td>
        </tr>
        <tr>
            <td>2006</td>
            <td width = "299"><p>百度培训中心 </p></td>
            <td width = "292"><p>网站推广培训 </p></td>
            <td width = "151"><p> 100 </p></td>
            <td width = "134"><p>合格 </p></td>
        </tr>
        <tr>
            <td>2007</td>
            <td width = "299"><p>北大青鸟培训中心 </p></td>
            <td width = "292"><p>网站优化培训 </p></td>
            <td width = "151"><p> 85 </p></td>
            <td width = "134"><p>合格 </p></td>
        </tr>
        <tr>
            <td>2008</td>
            <td width = "299"><p>北京理工大学 </p></td>
            <td width = "292"><p> ITAT新兴产业高峰论坛培训 <br />
            移动互联培训 </p></td>
            <td width = "151"><p> 95 </p></td>
            <td width = "134"><p>合格 </p></td>
        </tr>
        <tr>
            <td>2009</td>
```

```
            <td width = "299"><p>北京电视广播大学</p></td>
            <td width = "292"><p>远程教育培训</p></td>
            <td width = "151"><p>90</p></td>
            <td width = "134"><p>合格</p></td>
        </tr>
        <tr>
            <td>2010</td>
            <td width = "299"><p>北京电视广播大学</p></td>
            <td width = "292"><p>微课培训</p></td>
            <td width = "151"><p>90</p></td>
            <td width = "134"><p>合格</p></td>
        </tr>
        <tr>
            <td>2011</td>
            <td width = "299"><p>清华大学出版社</p></td>
            <td width = "292"><p>主编培训</p></td>
            <td width = "151"><p>90</p></td>
            <td width = "134"><p>合格</p></td>
        </tr>
        <tr>
            <td>2012</td>
            <td width = "299"><p>北京电商联盟</p></td>
            <td width = "292"><p>网站优化培训</p></td>
            <td width = "151"><p>200</p></td>
            <td width = "134"><p>合格</p></td>
        </tr>
        <tr>
            <td>2013</td>
            <td>华东大学</td>
            <td>创新教育培训</td>
            <td width = "151"><p>85</p></td>
            <td width = "134"><p>合格</p></td>
        </tr>
        <tr>
            <td>2013</td>
            <td>西安科技大学</td>
            <td>互联网+讨论会</td>
            <td width = "151"><p>95</p></td>
            <td width = "134"><p>合格</p></td>
        </tr>
        <tr>
            <td>2014</td>
            <td>华中科技大学</td>
            <td>物联网的未来研讨会</td>
            <td width = "151"><p>90</p></td>
            <td width = "134"><p>合格</p></td>
        </tr>
        <tr>
            <td>2015</td>
            <td>河北大学</td>
```

```
                <td>网络营销培训会</td>
                <td width="151"><p>90</p></td>
                <td width="134"><p>合格</p></td>
            </tr>
            <tr>
                <td>2016</td>
                <td>西北大学</td>
                <td>创新教育新形式研讨会</td>
                <td width="151"><p>90</p></td>
                <td width="134"><p>合格</p></td>
            </tr>
        </table>
    </body>
</html>
```

以上代码不再需要手动为偶数行逐一添加 CSS 类别,所有的操作都使用 JavaScript 完成。JavaScript 代码是由开发者自己设计的,运行结果如图 8-2 所示。另外,当需要对表格添加或删除某行时,也不需要修改相应的代码。

图 8-2 利用 JavaScript 实现隔行变色的表格

### 3. jQuery 实现隔行变色的表格

当将 jQuery 引入页面中时,利用 jQuery 中的选择器可以直接选中表格的奇数行或者偶数行,选中之后再添加类别样式即可。

新建文件 chap8_3.html,代码如下:

```
    ……
<script language="javascript" src="jquery.min.js"></script>
<script language="javascript">
$(function(){
    $("table.datalist tr:nth-child(odd)").addClass("altrow");
});
</script>
    ……
```

在以上 JavaScript 代码中首先调用 jQuery 框架,然后使用 jQuery,只需要一行代码便可以轻松实现表格的隔行变色,其语法也十分简单,后面的章节会陆续介绍。

## 8.1.2 jQuery 的功能

如今 jQuery 已经发展成集合 JavaScript、CSS、DOM 和 Ajax 等功能于一体的强大框架，可以用简单的代码轻松地实现各种网页效果。jQuery 的宗旨就是让开发者写更少的代码，做更多的事情。目前，jQuery 主要提供如下功能。

（1）访问页面框架的局部。这是前面章节介绍 DOM 模型所完成的主要工作之一，通过前面章节的示例也可以看到，DOM 获取页面中某个节点或者某一类节点有固定的方法，而 jQuery 则大大地简化了其操作的步骤。

（2）修改页面的表现(Presentation)。CSS 的主要功能就是通过样式风格来修改页面的表现。然而由于各个浏览器对 CSS3 标准的支持程度不同，很多 CSS 的特性没能很好地体现，jQuery 的出现很好地解决了这个问题，通过封装好的 JavaScript 代码，各种浏览器都能很好地兼容 CSS3 标准，极大地丰富了 CSS 的运用。

（3）更改页面的内容。通过强大而方便的 API，利用 jQuery 可以很方便地修改页面的内容，包括文本的内容、插入新的图片、表单的选项，甚至整个页面的框架。

（4）响应事件。前面章节介绍了 JavaScript 处理事件的相关方法，而引入 jQuery 之后，可以更加轻松地处理事件，而且开发人员不再需要考虑讨厌的浏览器兼容性问题。

（5）为页面添加动画。通常在页面中添加动画都需要开发大量的 JavaScript 代码，而 jQuery 大大简化了这个过程。jQuery 的库提供了大量可自定义参数的动画效果。

（6）与服务器异步互动。jQuery 提供了一整套 Ajax 相关的操作，大大方便了异步互动功能的开发和使用。

（7）简化了常用的 JavaScript 操作。jQuery 还提供了很多附加的功能来简化常用的 JavaScript 操作，例如数组的操作、迭代运算等。

## 8.1.3 jQuery 的特点

jQuery 是一个简洁快速的 JavaScript 脚本库，它能让你实现在网页上简单地操作文档，处理事件，形成运行动画效果或者添加异步交互功能，jQuery 的设计会改变你写 JavaScript 代码的方式，提高编程效率，jQuery 主要有如下特点。

（1）代码精致小巧。jQuery 是一个轻量级的脚本库，其代码非常小巧，最新版本的 jQuery 库文件压缩之后只有 20k 左右，网站用户的友好体验是网站设计开发者的考虑重点，小巧的在这方面 jQuery 完全可以胜任。

（2）强大的功能函数。过去在写 JavaScript 代码时，如果没有良好的基础，很难写出复杂的 JavaScript 代码，而且 JavaScript 是不可编译的语言，开发效率较低，使用 jQuery 的功能函数，开发人员可快速地实现各种功能，而且代码好看简洁，结构清晰。

（3）跨浏览器。关于 JavaScript 代码的浏览器兼容问题一直是 Web 开发人员的噩梦，经常是一个页面在 IE 浏览器下运行正常，但在 Firefox 下却莫名其妙地出现问题，开发人员往往要在一个功能上针对不同的浏览器编写不同的代码，这对于开发人员来讲是一件非常痛苦的事情，jQuery 将开发人员从这个噩梦中解脱出来，利用 jQuery 编写的代码具有良好的兼容性，完全兼容各大主流浏览器。

（4）链式的语法风格。jQuery 可以对元素的一组操作进行统一处理，不需要重新获取对象，也就是说可以基于一个对象进行一组操作，这种方式减少了代码量，减小了页面体积，有助于浏览器快速加载页面，提高用户的体验性。

（5）插件丰富。除了 jQuery 本身具有的一些特效外，还可以通过插件实现更多的功能，如表单验证、播放效果、Tab 导航条、表格排序、树形结构及图像特效等，网上的 jQuery 插件很多，可以直接下载下来使用，而且插件中的 JS 代码和 HTML 代码完全分享，便于维护。

### 8.1.4　下载并使用 jQuery

jQuery 能够改变你编写 JavaScript 脚本的方式，降低学习和使用 Web 前端开发的复杂度，提高网页开发效率，无论对于 JavaScript 初学者，还是 Web 开发资深专家，jQuery 都应该是必备的工具。jQuery 适合于设计师、开发者以及 Web 编程爱好者，同样适合商业开发。可以说 jQuery 适合任何 JavaScript 应用的地方，也可用于不同的 Web 应用程序中。

在使用 jQuery 之前，需要下载 jQuery 技术框架文件，并引入页面中。如果不希望下载并存放 jQuery，那么也可以通过 CDN（内容分发网络）引用它。

谷歌和微软的服务器都存有 jQuery，引入页面的代码如下：

```
< head >
    < script src = "http://ajax.googleapis.com/ajax/libs/jquery/1.8.0/jquery.min.js">
    </script >
</head >
```

登录网址"http://www.jq22.com/jquery-info122"，该网站提供了最新的 jQuery 框架下载，如图 8-3 所示，通常需要下载最小的 jQuery 包（Minified）即可。

提示：可以把下载文件放到与页面相同的目录中，这样为以后使用提供方便。

说明：有如下两个版本的 jQuery 可供下载。

- Production version：用于实际的网站中，已被精简和压缩。

图 8-3　下载 jQuery

- Development version：用于测试和开发（未压缩，是可读的代码）。

下载完成后不需要任何安装过程，直接将下载的 .js 文件用＜script＞标记导入自己的页面中即可，代码如下：

```
< head >
    < script src = "jquery.js"></script >
</head >
```

引入 jQuery 框架文件之后便可在页面脚本中调用 jQuery 对象、方法或属性，并以 jQuery 特色语法规范来编写脚本。

【案例】 隐藏/显示段落文字。

在网页中创建按钮和段落文字,单击相应的按钮实现段落文字的显示和隐藏,网页运行效果如图 8-4 所示。

图 8-4 页面运行效果

(1) 将下载的 jquery-3.5.1.zip 文件,如图 8-5(a)所示,解压到网页保存目录,例如文件夹 8,如图 8-5(b)所示。

(a) 下载 jquery-3.5.1.zip

(b) 解压目录

图 8-5 安装 jQuery

(2) 创建网页文件 chap8_4.html,代码如下:

```
< html xmlns = "http://www.w3.org/1999/xhtml">
  < head >
    < meta http - equiv = "Content - Type" content = "text/html; charset = utf - 8" />
    < title >无标题文档</title >
    /* 引入 jQuery 框架文件,注意文件路径 */
    < script src = "../jquery-3.5.1.js"></script >
    < script type = "text/javascript">
      $(document).ready(function(){
        $("#b_h").click(function(){
          $("p").hide();      /* 隐藏函数 */
        });
```

```
            $("#b_s").click(function(){
                $("p").show();       /* 显示函数 */
            });
        });
    </script>
</head>
<body>
    <h2>显示/隐藏段落文字</h2>
    <p>段落文字</p>
    <button id="b_h" type="button">隐藏文字</button>
    <button id="b_s" type="button">显示文字</button>
</body>
</html>
```

## 8.2 jQuery 的关键字 $

在 jQuery 中，最频繁使用的莫过于美元符号 $，它提供了各种各样的功能，包括选择页面中的一个或是一类元素，作为功能函数的前缀，window.onload 的完善，以及创建页面的 DOM 节点等。本节主要介绍 jQuery 中 $ 的使用方法，作为以后的章节的基础。

### 8.2.1 选择器

在 CSS 中选择器的作用是选择页面中某一类（类别选择器）元素或者某个元素（ID 选择器），而 jQuery 中的 $ 作为选择器，同样是用于选择某一类或某个元素，只不过 jQuery 提供了更多更全面的选择方式，并且解决了浏览器的兼容问题。

例如，在 CSS 中可以通过如下代码来选择 <h2> 标记下包含的所有子标记 <a>，然后添加相应的样式风格。

```
H2 a{
    /* 添加 CSS 属性 */
}
```

而在 jQuery 则可以通过如下代码来选中 <h2> 标记下包含的所有子标记 <a>，作为一个对象数组，供 JavaScript 调用。

```
$("h2 a")
```

【案例】 使用 $ 选择器。

创建 chap8_5.html 文件，文档中有两个 <h2> 标记，分别包含了 <a> 子元素。

代码如下：

```
<html>
<head>
```

```
<title>$选择器</title>
<script language="javascript" src="jquery.min.js"></script>
<script language="javascript">
    window.onload = function(){
        var oElements = $("h2 a");    //选择匹配元素
        for(var i=0;i<oElements.length;i++)
            oElements[i].innerHTML = i.toString();    }
</script>
</head>
<body>
    <h2><a href="#">正文</a>内容</h2>
    <h2>正文<a href="#">内容</a></h2>
</body>
</html>
```

运行结果如图 8-6 所示，可以看到 jQuery 很轻松地实现了元素的选择，如果使用 DOM，类似这样的节点选择将需要大量的 JavaScript 代码。

图 8-6  使用 $ 选择器

jQuery 中选择器的通用语法如下：

```
$(selector)
```

或

```
jQuery(selector)
```

**注意**：在 jQuery 中美元符号 $ 其实就等同于 jQuery。

其中，selector 符合 CSS3 标准，这在后面的章节会详细地介绍，下面列出了一些典型的 jQuery 选择元素的例子。

```
$("#showDiv")
```

id 选择器，相当于 JavaScript 中的 document.getElementById("#showDiv")，可以看到 jQuery 的表示方法简洁得多。

```
$(".SomeClass")
```

类别选择器,选择 CSS 类别为 SomeClass 的所有节点元素,在 JavaScript 中要实现相同的选择,需要用 for 循环遍历整个 DOM。

```
$("p:odd")
```

选择所有位于奇数行的<p>标记。几乎所有的标记都可以使用":odd"或者":even"来实现奇偶的选择。

```
$("td:nth-child(1)")
```

所有表格行的第一个单元格,就是第一列。这在修改表格的某一列的属性时是非常有用的,不再需要一行行遍历表格。

```
$("li > a")
```

子选择器,返回<li>标记的所有子元素<a>,不包括孙标记。

```
$("a[href$=pdf]")
```

选择所有超链接,并且这些超链接的 href 属性是以 pdf 结尾的。有了属性选择器,可以很好地选择页面中的各种特性元素。

关于 jQuery 的选择器的使用还有很多技巧,在后面的章节都会陆续介绍。

### 8.2.2 功能函数前缀

开发者在使用 JavaScript 时通常会编写一些小函数处理细节。例如,JavaScript 中没有提供清理文本框中空格的功能,要想实现该功能,就得编写相应的小程序。但是在引入 jQuery 后,开发者就可以直接调用 trim()函数来轻松地去掉文本框前后的空格。

【案例】 jQuery 中去除首尾空格的 $.trim()方法。

创建文件 chap8_6.html,代码如下:

```
<html>
  <head>
    <title>$.trim()</title>
    <script language="javascript" src="jquery.min.js"></script>
    <script language="javascript">
      var sString = "   abcdefghij   ";
      sString = $.trim(sString);
      alert(sString.length);
    </script>
  </head>
  <body>
  </body>
</html>
```

以上代码的运行结果如图 8-7 所示,字符串 sString 首尾的空格都被去掉了。实际上,

$.trim(sString)就相当于jQuery.trim(sString)。

图 8-7　jQuery 中去除首尾空格的 $.trim() 方法

jQuery 中类似这样的功能函数很多，而且涉及 JavaScript 的很多方面，在后续的章节中会陆续有所介绍。

### 8.2.3　解决 windows.onload 函数的冲突

通常页面的 HTML 框架只有在页面全部加载后才能被调用，所以 windows.onload 函数的使用频率相当高，由此带来的冲突不容忽视，jQuery 中的 ready() 函数很好地解决了这个问题，它自动将函数在页面加载结束后再运行，同一个页面可以使用多个 ready() 函数，并且之间不存在冲突。

例如：

```
$(document).ready(function(){
    $("table.datalist tr:nth-child(odd)").addClass("altrow");
});
```

对上述代码 jQuery 还提供了简写形式，可以省略其中的 (document).ready 部分，代码如下：

```
$(function(){
    $("table.datalist tr:nth-child(odd)").addClass("altrow");
});
```

即文件 chap8_3.html 中使表格隔行变色的代码。

### 8.2.4　创建 DOM 元素

利用 DOM 方法创建元素节点，通常需要将 document.createElement()、document.createTextNode()、appendChild() 几个函数配合使用，十分麻烦，而在 jQuery 中可使用关键字 $ 则可以直接创建 DOM 元素，例如：

```
var oNewP = $("<p>这是一个测试行</p>");
```

以上代码等同于 JavaScript 中的如下代码。

```
var oP = document.createElement("p");
    var oText = document.createTextNode("这是一个测试行");
    oP.appendChild(oText);
```

另外，jQuery 还提供了 DOM 元素的 insertAfter() 方法，结合之前章节提到的插入段落节点的程序代码可创建文件 chap8_7.html。

【案例】 jQuery 中创建 DOM 元素。

新建文件 chap8_7.html，代码如下：

```html
<html>
    <head>
        <title>创建DOM元素</title>
        <script language="javascript" src="jquery.min.js"></script>
        <script language="javascript">
            $(function(){                                        //ready()函数
                var oNewP = $("<p>这是一个测试行</p>");        //创建 DOM 元素
                oNewP.insertAfter("#myTarget");                  //insertAfter()方法
            });
        </script>
    </head>
    <body>
        <p id="myTarget">插入到这行文字之后</p>
        <p>也就是插入到这行文字之前,但这行没有 id,也可能不存在</p>
    </body>
</html>
```

运行结果如图 8-8 所示，可以看到利用 jQuery 大大缩短了代码长度，节省了编写时间，为开发者提供了便利。

图 8-8 创建 DOM 元素

## 8.2.5 自定义添加 $

jQuery 还给用户提供了自定义添加 $ 的方法，$.fn 是自定义扩展 jQuery 的必要方法，对于 $.fn 的扩展，就是为 jQuery 类添加成员函数。jQuery 类的实例可以使用这个成员函数。比如要开发一个插件，做一个特殊的编辑框，当它被单击时，便提示当前编辑框里的内容。部分代码如下：

```
$.fn.extend({
alertWhileClick:function(){
$(this).click(function(){
```

```
Alert($(this).val());
        });
}
});
$("#input1").alertWhileClick(); /* 页面上为:<input id="input" type="text"/> */
```

上面的 $("#input1") 是一个 jQuery 实例,当它调用成员方法 alertWhileClick 后,便实现了扩展,每次被单击时它会先弹出目前编辑框里的内容。

### 8.2.6 解决 $ 的冲突

一般来说,人们倾向于使用简单的 $() 函数编写代码以简化工作量。但是在有些情况下不能使用 $(),因为 $ 有时候可能已经被其他的 JavaScript 库定义使用了,因此就会出现冲突。为此,jQuery 提供了 jQuery.noConflict() 方法来避免 $() 冲突的问题发生。同时,还可以为 jQuery 定义一个别名,例如,对于 $("div p") 必须写成 jQuery("div p")。

## 8.3 jQuery 对象与 DOM 对象

### 8.3.1 两种对象简介

#### 1. DOM 对象

通过传统的 JavaScript 方法访问 DOM 的元素,可以生成 DOM 对象。例如,使用 JavaScript 方法 getElementByTagName(),在文档中选择标签名为 h3 的匹配元素,最终将生成的 DOM 对象储存在 test 变量中。代码如下:

```
var test = document.getElementByTagName("h3");
```

生成出的 DOM 对象拥有许多方法和属性,可以用来操作它所指向的元素。例如,使用 DOM 对象的 innerHTML 属性,获取匹配元素内部的 HTML 代码内容。代码如下:

```
var testtestHTML = test.innerHTML;
```

#### 2. jQuery 对象

在 jQuery 中也有办法可以访问 DOM 的元素。在这里先举个例子与 JavaScript 进行比较,具体的语法结构可以参见下一节 jQuery 选择器。代码如下:

```
var test = $("h3");
```

虽然也指向标签名为 h3 的匹配元素,但是以这种方式生成的 jQuery 对象无法使用 DOM 对象的任何方法和属性,例如,$("h3").innerHTML 的写法是错误的。不过 jQuery 对象有它自己独有的方法和属性,完全可以做到传统 DOM 对象能做的所有事情。例如,可以在jQuery对象上使用html()方法，获取匹配元素内部的HTML代码内容。代码如下：

```
var testtestHTML = test.html();
```

由上面的两行代码还可以初步看出，使用jQuery需要分为两个步骤，即第一步是获取指向某元素的jQuery对象，第二步则是使用jQuery对象的方法来操作该元素，以达到更改HTML网页内容和外观的目的。

由上面的分析能够得出如下的结论，即所谓jQuery对象就是通过jQuery包装DOM对象后产生的对象。jQuery对象是jQuery独有的，其可以使用jQuery里的方法。

### 3. jQuery对象与DOM对象的区别

（1）DOM对象使用JS方法获取页面元素返回时的对象。
（2）jQuery对象使用jQuery方法获取页面元素返回时的对象。
（3）jQuery对象是包装了DOM对象的集合。
两者不能混用，但可以互相转换。

## 8.3.2　jQuery对象与DOM对象的相互转换

虽然jQuery对象和DOM对象并不等价，但是它们两者可以相互转换，转换后即可以使用彼此的方法和属性。

### 1. jQuery对象转成DOM对象

将jQuery对象转成DOM对象，可以使用get()方法，其语法结构为get([index])。例如，假设页面上有一个无序列表：

```
<ul>
    <li><a href="http://www.baidu.com">Baidu</a></li>
    <li><a href="http://www.google.com">Google</a></li>
</ul>
```

jQuery对象是一个可以匹配多个元素的集合。如果不带参数，get()方法会返回所有匹配元素的DOM对象，并将它们包含在一个数组中。代码如下：

```
var test = $("li").get();        //jQuery对象转成DOM对象数组
alert(test[0].innerHTML);        //输出
<a href="http://www.baidu.com">Baidu</a>
alert(test[1].innerHTML);        //输出
<a href="http://www.google.com">Google</a>
```

如果指定了参数index，由于从0开始计数，get(index)方法会返回第(index+1)个元素的DOM对象。代码如下：

```
var test = $("li").get(0);        //jQuery 对象转成 DOM 对象
alert(test.innerHTML);            //输出
<a href = "http://www.baidu.com">Baidu</a>
```

由于 jQuery 对象具有与数组类似的特征，还可以通过[index]索引方式得到某一个元素的 DOM 对象。上面例子的等效代码如下：

```
var test = $("li")[0];            //jQuery 对象转成 DOM 对象
alert(test.innerHTML);            //输出
<a href = "http://www.baidu.com">Baidu</a>
```

然而这种索引方式缺乏 get()方法所具有的特殊功能，例如，可以指定参数 index 为负数，在匹配元素的集合中从末尾最后一个开始计数，返回倒数第|index|个元素的 DOM 对象。代码如下：

```
var test = $("li").get(-1);       //jQuery 对象转成 DOM 对象
alert(test.innerHTML);            //输出
<a href = "http://www.google.com">Google</a>
```

#### 2. DOM 对象转成 jQuery 对象

对于一个 DOM 对象 elements，只需要用 $()把它包装起来，就可以获得相应的 jQuery 对象了，其语法结构为 $(elements)。例如，使用 getElementByTagName()方法选择标签名为<li>的元素，再通过 $()把生成的 DOM 对象转化为 jQuery 对象。代码如下：

```
var $test = $(document.getElementByTagName("li"));   // DOM 对象转成 jQuery 对象
alert($test.eq(0).html());                           //输出
<a href = "http://www.baidu.com">Baidu</a>
alert($test.eq(1).html());                           //输出
<a href = "http://www.google.com">Google</a>
```

为了从匹配多个元素的 jQuery 对象中，提取出只匹配其中一个元素的 jQuery 对象，可以使用 eq()方法，该命令会在以后的学习中讲解，这里仅作了解即可。

## 8.4 案例——第一个 jQuery 程序

开发 jQuery 程序其实很简单，需要做的就是引入 jQuery 库，然后调用即可。下面通过一个简单的示例引导大家如何使用 jQuery。

### 8.4.1 下载 jQuery 库文件

由于 jQuery 是一个免费开源项目，任何人都可以在 jQuery 的官方网站地址"http://jquery.com"下载到最新版本的 jQuery 库文件，如图 8-9 所示。

jQuery 库文件有两种类型，即完整版和压缩版。前者主要用于测试开发，后者主要用

图 8-9　jQuery 的官方网站

于项目应用。例如 jquery-3.2.1.js(129KB)和 jquery-3.2.1.min.js(85KB)两个文件,它们分别对应完整版和压缩版。

下载完 jQuery 库之后,将其放置在具体的项目目录下即可,在 HTML 页面引入该 jQuery 库文件的代码如下:

```
<script language = "javascript" src = "/相对路径/jquery.min.js"></script>
```

可以看出,在 HTML 页面引入 jQuery 库文件和引入外部的 JavaScript 程序文件在形式上没有任何区别。同时,在 HTML 页面直接插入 jQuery 代码或引入外部 jQuery 程序文件,需要符合的格式也跟 JavaScript 一样。值得一提的是,外部 jQuery 程序文件是不同页面共享相同 jQuery 代码的一种高效方式。当修改 jQuery 代码时,只需要编辑一个外部文件即可,操作更为方便。此外,一旦载入某个外部 jQuery 文件,它就会存储在浏览器的缓存中,因此在不同页面中重复使用它时无须再次下载,从而加快了页面的访问速度。

### 8.4.2　在程序中引入 jQuery 库文件

新建文件 chap8_8.html,代码如下:

```
<html>
  <head>
    <title>第一个示例</title>
    <script language = "javascript" src = "jquery.min.js"></script>
    <script>
      function hello()
      { alert("Hello, World");};
      $(document).ready(hello);
    </script>
  </head>
  <body>
  </body>
</html>
```

运行结果如图 8-10 所示。

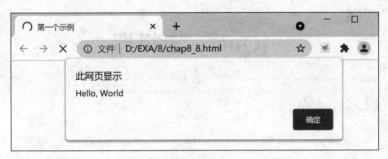

图 8-10　我的第一个 jQuery 程序

## 课 后 练 习

1. jQuery 中的符号 $ 有什么作用？
2. jQuery 中有哪几种类型的选择器？

# 第 9 章

# jQuery 选择器

Chapter 9

**学习目标**

掌握使用 jQuery 选择器如何准确地选取应用效果的元素；
掌握使用 jQuery 元素和属性选择器通过标签名、属性名或内容对 HTML 元素进行选择；
掌握使用选择器对 HTML 元素组或单个元素进行操作；
掌握使用选择器对 DOM 元素组或单个 DOM 节点进行操作。

## 9.1 jQuery 选择器简介

jQuery 是一种 js 框架，是程序开发过程中的一种半成品。在 Web 应用程序中，大部分的客户端操作都是基于对象的操作，要操作对象必须先获取对象，jQuery 提供了强大的选择器可以用于获取对象。

选择器是 jQuery 的根基，在 jQuery 中，对事件处理、遍历 DOM 和 Ajax 操作都依赖于选择器。因此，如果能熟练地使用选择器，不仅能简化代码，而且可以达到事半功倍的效果。

jQuery 选择器完全继承了 CSS 的风格。利用 jQuery 选择器，可以非常便捷地找出特定的 DOM 元素，然后为它们添加相应的行为，而无须担心浏览器是否支持这一选择器。

## 9.2 jQuery 选择器的分类

使用 jQuery 选择器选择页面元素，目的是生成 jQuery 对象，其语法结构是 $(selector)，其返回值是一个 Object 对象。$ 的选择器部分，返回值是单个元素或者集合元素，用选择器来获取对象，或者对获取的对象进行筛选，最终得到符合某些特征的对象。

jQuery 选择器可简单分为基本选择器、层次选择器、过滤选择器、表单选择器。下面进行一一介绍。

### 1. 基本选择器

基本选择器见表9-1。

表9-1 基本选择器

| 选 择 器 | 描 述 | 返 回 | 示 例 |
|---|---|---|---|
| #id | 匹配给定的 id | 单个元素 | $("header") |
| .class | 匹配给定的类名 | 集合元素 | $(".test") |
| E | 匹配给定的标签名 | 集合元素 | $("div") |
| * | 匹配所有元素 | 集合元素 | $("*") |
| E，.class，E… | 匹配给定的集合 | 集合元素 | $("span,.tiPS") |

### 2. 层次选择器

层次选择器见表9-2。

表9-2 层次选择器

| 选 择 器 | 描 述 | 返 回 | 示 例 |
|---|---|---|---|
| $("ancestor descendant") | 匹配 ancestor 里的所有 descendant(后代)元素 | 集合元素 | $("body div") |
| $("parent>child") | 匹配 parent 下的所有 child(子)元素 | 集合元素 | $("div>span") |
| $("prev+next") | 匹配紧接在 prev 后的 next 元素 | 集合元素 | $(".error+span") |
| $("prev~siblings") | 匹配 prev 后的所有 siblings 元素 | 集合元素 | $("span~a") |

### 3. 过滤选择器

(1) 基本过滤选择器,见表9-3。

表9-3 基本过滤选择器

| 选 择 器 | 描 述 | 返 回 | 示 例 |
|---|---|---|---|
| :first | 匹配第一个元素 | 单个元素 | $("div:first") |
| :last | 匹配最后一个元素 | 单个元素 | $("span:last") |
| :even | 匹配索引是偶数的元素,索引从 0 开始 | 集合元素 | $("li:even") |
| :odd | 匹配索引是奇数的元素,索引从 0 开始 | 集合元素 | $("li:odd") |
| :eq(index) | 匹配索引等于 index 的元素(索引从 0 开始) | 单个元素 | $("input:eq(2)") |
| :gt(index) | 匹配索引大于 index 的元素(索引从 0 开始) | 集合元素 | $("input:gt(1)") |
| :lt(index) | 匹配索引小于 index 的元素(索引从 0 开始) | 集合元素 | $("input:lt(5)") |
| :header | 匹配所有 h1,h2,…标题元素 | 集合元素 | $(":header") |
| :animated | 匹配所有正在执行动画的元素 | 集合元素 | $("div:animated") |

(2) 内容过滤选择器,见表9-4。

表 9-4 内容过滤选择器

| 选择器 | 描述 | 返回 | 示例 |
| --- | --- | --- | --- |
| :contains(text) | 匹配含有文本内容 text 的元素 | 集合元素 | $("p:contains(今天)") |
| :empty | 匹配不含子元素或文本元素的空元素 | 集合元素 | $("p:empty") |
| :has(selector) | 匹配包含 selector 元素的元素 | 集合元素 | $("div:has(span)") |
| :parent | 匹配含有子元素或文本的元素 | 集合元素 | $("div:parent") |

(3) 可见性过滤选择器,见表 9-5。

表 9-5 可见性过滤选择器

| 选择器 | 描述 | 返回 | 示例 |
| --- | --- | --- | --- |
| :hidden | 匹配所有不可见的元素 | 集合元素 | $(":hidden") |
| :visible | 匹配所有可见元素 | 集合元素 | $(":visible") |

(4) 属性过滤选择器,见表 9-6。

表 9-6 属性过滤选择器

| 选择器 | 描述 | 返回 | 示例 |
| --- | --- | --- | --- |
| [attr] | 匹配拥有此属性的元素 | 集合元素 | $("img[alt]") |
| [attr=value] | 匹配属性值为 value 的元素 | 集合元素 | $("a[title=test]") |
| [attr!=value] | 匹配属性值不等于 value 的元素 | 集合元素 | $("a[title!=test]") |
| [attr^=value] | 匹配属性值以 value 开头的元素 | 集合元素 | $("img[alt^=welcome]") |
| [attr$=value] | 匹配属性值以 value 结尾的元素 | 集合元素 | $("img[alt$=last]") |
| [attr*=vlaue] | 匹配属性值中含有 value 的元素 | 集合元素 | $("div[title*=test]") |
| [attr1][attr2]… | 通过多个属性进行匹配 | 集合元素 | $("div[id][title*=test]") |

**4. 表单选择器**

表单选择器见表 9-7。

表 9-7 表单选择器

| 选择器 | 描述 | 返回 | 示例 |
| --- | --- | --- | --- |
| :input | 匹配所有 input、textarea、select、button 元素 | 集合元素 | $("input") |
| :text | 匹配所有文本框 | 集合元素 | $(":text") |
| :password | 匹配所有密码框 | 集合元素 | $(":password") |
| :radio | 匹配所有单选按钮 | 集合元素 | $(":radio") |
| :checkbox | 匹配所有复选框 | 集合元素 | $(":checkbox") |
| :submit | 匹配所有提交按钮 | 集合元素 | $(":submit") |
| :image | 匹配所有图像按钮 | 集合元素 | $(":image") |
| :reset | 匹配所有重置按钮 | 集合元素 | $(":reset") |
| :button | 匹配所有按钮 | 集合元素 | $(":button") |
| :file | 匹配所有上传域 | 集合元素 | $(":file") |

## 9.3 jQuery 中元素属性的操作

对于下面这样一个标签元素：

```
< img id = "imgLogo" src = "../img/imgTsinghuaLogo.jpg" alt = "Tsinghua" class = "myClass"
title = "Tsinghua" width = "150" height = "150" />
```

通常将 id、src、alt、class 称为属性，即元素属性。但是，当浏览器对标签元素进行解析时，会将元素解析为 DOM 对象，相应地，元素属性也就被解析为 DOM 属性。
所谓元素属性和 DOM 属性只是在对其进行不同解析时的不同称呼。

注意：

(1) 元素被解析成 DOM 时，元素属性和 DOM 属性并不一定是原来的名称。

例如，对于 img 的 class 属性，在表现为元素属性时是 class；而在表现为 DOM 属性时，属性名则为 className。

(2) 在 JavaScript 中，可以直接获取或设置 DOM 属性。

### 9.3.1 设置元素属性

在 jQuery 中，提供了 attr()函数来操作元素属性。我们用 $(selector).attr(attribute) 返回被选元素的属性值，用 $(selector).attr(attribute,value)设置被选元素的属性值。

新建文件 chap9_1.html，设置图像的 width 属性，代码如下：

```
< html >
  < head >
    < script type = "text/javascript" src = "../jquery/jquery.js"></script>
    < script type = "text/javascript">
      $(document).ready(function(){
        $("button").click(function(){
          $("img").attr("width","160");
        });
      });
    </script>
  </head>
  < body >
    < img src = "../img/logo.jpg" />
    < br />
    < button >设置图像的 width 属性</button>
  </body>
</html>
```

运行结果如图 9-1 所示，当单击"设置图像的 width 属性"按钮时图像像素由 268px 变成了 160px。

图 9-1  设置图像的 width 属性

## 9.3.2  删除元素属性

在某些情况下,需要删除文档中某个元素的特定属性,可以使用 removeAttr() 方法来完成该任务。

新建文件 chap9_2.html,删除元素属性代码如下:

```
<html>
  <head>
    <script type="text/javascript" src="../jquery/jquery.js"></script>
    <script type="text/javascript">
      $(document).ready(function(){
        $("button").click(function(){
          $("p").removeAttr("style");
        });
      });
    </script>
  </head>

  <body>
```

```
    <p style="font-size:150%;color:red">这是第一段落 P</p>
    <p style="font-size:100%;color:blue">这是第二段落 P</p>
    <button>删除所有 p 元素的 style 属性</button>
  </body>
</html>
```

运行结果如图 9-2 所示。

图 9-2  删除元素属性

虽可以使用 removeAttr 删除元素属性，但其对应的 DOM 属性是不会被删除掉的，只是其值被改变而已。上例中删除元素段落 p 的属性，会导致 p 属性值从设定值变成了浏览器的默认值，但段落 p 属性本身不会从元素中删除。

## 9.4  jQuery 中样式类的操作

通过 jQuery，可以很容易地对 CSS 元素进行操作。

### 9.4.1  添加样式类

addClass()方法用于向匹配的元素添加指定的类名，向被选元素添加一个或多个类。该方法不会移除已存在的 class 属性，只是仅仅添加一个或多个 class 属性。如需添加多个类，应使用空格分隔类名。

语法格式如下：

```
$(selector).addClass(class)
```

其中，class 必需，用于规定一个或多个 class 名称。

新建文件 chap9_3.html，对某段落增加设定的样式类，代码如下：

```
<html>
  <head>
    <script type="text/javascript" src="../jquery/jquery.js"></script>
    <script type="text/javascript">
      $(document).ready(function(){
        $("button").click(function(){
          $("p:first").addClass("important");
        });
      });
    </script>
    <style type="text/css">
```

```
      .important
      {
        font-size:150%;
        font-weight:bold;
        color:red;
      }
    </style>
  </head>
  <body>
    <h1>标题 1</h1>
    <p>段落 1</p>
    <p>段落 2</p>
    <button>向第一个段落添加一个样式类</button>
  </body>
</html>
```

对一个段落加入样式类 important，将字体 150%加粗并变成红色，运行结果如图 9-3 所示。

图 9-3 向第一个段落添加一个样式类

### 9.4.2 移除样式类

removeClass()方法用于从被选元素移除一个或多个类。应注意的是，如果没有规定参数，则该方法将从被选元素中删除所有类。

语法格式如下：

```
$(selector).removeClass(class)
```

其中，class 可选，用于规定要移除的样式类 class 的名称。如需移除若干类，应使用空格来分隔类名。如果不设置该参数，则会移除所有类。

新建文件 chap9_4.htm，对标题和段落移除设定的样式类，代码如下：

```
<html>
  <head>
    <script type="text/javascript" src="../jquery/jquery.js"></script>
    <script type="text/javascript">
      $(document).ready(function(){
        $("button").click(function(){
          $("h1,p").removeClass("blue");
```

```
      });
    });
    </script>
    <style type="text/css">
      .important
      {
        font-size:150%;
        font-weight:bold;
        color:red;
      }
      .blue
      {
        font-size:200%;
        color:blue;
      }
    </style>
  </head>
  <body>
    <h1 class="blue">标题1</h1>
    <p class="important">段落1</p>
    <p class="blue">段落2</p>
    <button>删除所有元素的blue样式类</button>
  </body>
</html>
```

该代码用于对含有样式类 blue 的元素进行删除操作,故标题 1 和段落 2 的样式就被删除了。运行结果如图 9-4 所示。

图 9-4　删除所有元素的 blue 样式类

## 9.4.3　交替样式类

toggleClass()方法用于对设置或移除被选元素的一个或多个类进行切换。该方法会检查每个元素中指定的类,如果不存在则添加类,如果已设置则删除之,这就是所谓的切换效果。不过,通过使用 switch 参数,能够规定只删除或只添加类。

语法格式如下:

```
$(selector).toggleClass(class,switch)
```

其中,class 必需,用于规定添加或移除 class 的指定元素。如需规定若干 class,应使用空格来分隔类名。switch 可选,布尔值默认 true,用于规定是否添加或移除 class。

新建文件 chap9_5.html,实现让第二个段落交替显示设定的样式类,代码如下:

```html
<html>
  <head>
    <script type="text/javascript" src="../jquery/jquery.js"></script>
    <script type="text/javascript">
      $(document).ready(function(){
        $("button").click(function(){
          $("p:last").toggleClass("important");
        });
      });
    </script>
    <style type="text/css">
      .important
      {
        font-size:150%;
        font-weight:bold;
        color:red;
      }
    </style>
  </head>
  <body>
    <h1>标题1</h1>
    <p>段落1</p>
    <p>段落2</p>
    <button>第二个段落切换样式类</button>
  </body>
</html>
```

运行结果如图 9-5 所示,我们会发现段落 2 的样式元素会加载切换 important 样式类。

图 9-5　实现对第二个段落切换样式类

## 9.5　jQuery 中样式属性的操作

通过使用 CSS 可以大大提升网页开发的工作效率,而 jQuery 所提供的 CSS 属性操作功能则大大方便了对网页表现方式的操纵。

## 9.5.1 读取样式属性

读取返回 CSS 属性值。

语法格式如下：

```
$(selector).css(name)
```

其中，name 必需，用于规定 CSS 属性的名称。该参数可包含任何 CSS 属性。比如 color。

该语句会返回第一个匹配元素的 CSS 属性值。应注意的是，当用于返回一个值时，不支持简写的 CSS 属性（比如 background 和 border）。

新建文件 chap9_6.html，实现取得第一个段落的 color 样式属性的值，代码如下：

```html
<html>
  <head>
    <script type="text/javascript" src="../jquery/jquery.js"></script>
    <script type="text/javascript">
      $(document).ready(function(){
        $("button").click(function(){
          alert($("p").css("color"));
        });
      });
    </script>
  </head>
  <body>
    <h1>标题1</h1>
    <p style="color:red">段落1</p>
    <p style="color:blue">段落2</p>
    <button>读取段落的颜色</button>
  </body>
</html>
```

运行结果如图 9-6 所示。这里只返回了第一个匹配的段落颜色值，即红色 rgb(255,0,0)。

图 9-6　读取段落的颜色

## 9.5.2 设置样式属性

设置所有匹配元素的指定 CSS 属性。

语法格式如下：

```
$(selector).css(name,value)
```

其中，name 必需，用于规定 CSS 属性的名称。该参数可包含任何 CSS 属性，比如 color。value 可选，用于规定 CSS 属性的值。该参数可包含任何 CSS 属性值，比如 red。如果设置了空字符串值，则会从元素中删除指定属性。

新建文件 chap9_7.html，将两个段落的样式 color、font-size、font-weight 进行不同样式属性值设置，代码如下：

```html
<html>
  <head>
    <script type="text/javascript" src="../jquery/jquery.js"></script>
    <script type="text/javascript">
      $(document).ready(function(){
        $("button").click(function(){
          $("p:first").css("color","red");
          $("p:first").css("font-size","150%");
          $("p:last").css({"color":"blue","font-weight":"bold"});
        });
      });
    </script>
  </head>
  <body>
    <p>段落1</p>
    <p>段落2</p>
    <button>改变段落的颜色字体大小</button>
  </body>
</html>
```

运行结果如图 9-7 所示。

图 9-7 改变段落的颜色及字体大小

## 9.5.3 设置元素偏移

offset() 方法其作用是获取元素在当前视窗的相对偏移，其中返回对象包含两个属性，即 top 和 left。应注意，该方法只对可见元素有效。

设置偏移坐标是 offset 的重载函数。设置所有匹配元素的偏移坐标。

语法格式如下：

```
$(selector).offset(value)
```

其中,value 必需,用于规定以像素计的 top 和 left 坐标。可能的值对比如{top:100,left:0},即带有 top 和 left 属性的对象。

新建文件 chap9_8.html,对两个段落进行偏移操作,段落 1 偏移(top:100,left:100),段落 2 偏移(top:120,left:160),代码如下:

```
<html>
  <head>
    <script type="text/javascript" src="../jquery/jquery.js"></script>
    <script type="text/javascript">
      $(document).ready(function(){
        $("button").click(function(){
          $("p:first").offset({top:100,left:100});
          $("p:last").offset({top:120,left:160});
        });
      });
    </script>
  </head>

  <body>
    <p>段落 1</p>
    <p>段落 2</p>
    <button>设置新的偏移</button>
  </body>
</html>
```

运行结果如图 9-8 所示。

图 9-8　对两个段落进行偏移操作

## 9.6　jQuery 中元素内容的操作

jQuery 拥有可操作 HTML 元素和属性的强大方法。jQuery 提供了一系列与 DOM 相关的方法,这使访问和操作元素和属性变得很容易。jQuery 还提供了以下几个方法来访问或设置 DOM 元素的内容,包括访问或设置这些 DOM 元素的 innerHTML 属性、文本内容和 value 属性。

用于获得内容的 text()、html() 及 val() 方法,以及以下三个简单实用的用于 DOM 操作的 jQuery 方法。

(1) text():设置或返回所选元素的文本内容。

(2) html()：设置或返回所选元素的内容(包括 HTML 标记)。

(3) val()：设置或返回表单字段的值。

### 9.6.1 操作 HTML 代码

html()方法用于返回或设置被选元素的内容(inner HTML)。如果该方法未设置参数，则返回被选元素的当前内容。

语法格式如下：

```
$(selector).html(content)
```

在操作 html 代码时，操作的内容要包括 HTML 的标记。如斜体 Hello World 就是<i>Hello World!</i>。

新建文件 chap9_9.html，将两个段落的内容进行设置，代码如下：

```
<html>
  <head>
    <script type="text/javascript" src="../jquery/jquery.js"></script>
    <script type="text/javascript">
      $(document).ready(function(){
        $("button").click(function(){
          $("p:first").html("<i>Hello World!</i>");
          $("p:last").html("<b>您好,世界!</b>");
        });
      });
    </script>
  </head>
  <body>
    <p>段落 1</p>
    <p>段落 2</p>
    <button>改变段落的内容</button>
  </body>
</html>
```

运行结果如图 9-9 所示。

图 9-9 改变段落的 HTML 内容

### 9.6.2 操作文本

text()方法用于设置或返回被选元素的文本内容。当该方法用于返回一个值时，它会返回所有匹配元素的组合的文本内容(会删除 HTML 标记)，当该方法用于设置值时，它会覆盖被选元素的所有内容。

语法格式如下：

```
$(selector).text(content)
```

新建文件 chap9_10.html,将段落 p 标签内的内容进行设置,代码如下:

```
<html>
  <head>
    <script src = "../jquery/jquery.js"></script>
    <script>
      $(document).ready(function(){
        $("button").click(function(){
          $("p").text("您好,世界!");
        });
      });
    </script>
  </head>

  <body>
    <p>段落1</p>
    <p>段落2</p>
    <button>改变所有p元素的文本内容</button>
  </body>
</html>
```

运行结果如图 9-10 所示。

图 9-10 改变所有 p 元素的文本内容

### 9.6.3 操作表单元素的值

val()方法用于设置或返回当前 jQuery 对象所匹配的 DOM 元素的 value 值。val()方法与 HTML 表单元素一起使用。该方法常用于设置或获取表单元素的 value 属性值。例如标签<input>、<textarea>、<select>、<option>、<button>等。

语法格式如下:

```
$(selector).val(content)
```

新建文件 chap9_11.html,将表单的内容进行设置,代码如下:

```
<head>
  <script src = "../jquery/jquery.js"></script>
  <script>
    $(document).ready(function(){
```

```
        $("button").click(function(){
          $("div").text("书籍作者");
          $(book).val("JQuery");
          $(desc).val("清华大学出版社");
          $("input:radio, input:checkbox").each(function () { $(this).attr('checked',
            false); }); //先将 radio、checkbox 都置空
          $("input:radio[value = 'female']").attr('checked','true');
          $('input:checkbox').slice(1,3).attr('checked', 'true');
          $("select").val(["tsinghua" , "peking"]);
        });
      });
    </script>
    <body>
      <div></div>
      <div></div>
      书名:<input id = "book" name = "book" type = "text" /><br><br>
      描述:<input id = "desc" name = "desc" type = "text" /><br><br>
      性别:<input name = "gender" type = "radio" checked = "checked" value = "male">男
          <input name = "gender" type = "radio" value = "female">女<br><br>
      书籍:<input name = "pp" type = "checkbox" value = "100" checked = "checked">100 页
          <input name = "pp" type = "checkbox" value = "200">200 页
          <input name = "pp" type = "checkbox" value = "300">300 页<br><br>
      <select id = "publish" multiple = "multiple">
        <option value = "tsinghua">清华大学出版社</option>
        <option value = "peking">北京大学出版社</option>
        <option value = "phei">电子工业出版社</option>
      </select><br><br>
      <button>改变 Form 元素的内容</button>
    </body>
  </html>
```

单击按钮后运行结果如图 9-11 所示。

图 9-11 改变 Form 元素的内容

## 9.7 筛选与查找元素集中的元素

jQuery 遍历用于根据其相对于其他元素的关系来"查找"(或选取)HTML 元素。以选择某项开始,并沿着这个选择移动,直到抵达期望的元素为止。

如图 9-12 所示展示了一棵家族树。通过 jQuery 遍历,能够从被选(当前的)元素开始,轻松地在家族树中向上移动(祖先)、向下移动(子孙),或水平移动(同胞)。这种移动被称为对 DOM 进行遍历。

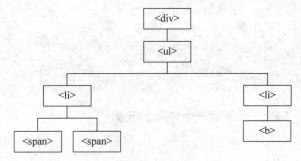

图 9-12 家族树

说明:
- <div>元素是<ul>的父元素,同时是其中所有内容的祖先。
- <ul>元素是<li>元素的父元素,同时是<div>的子元素。
- 左边的<li>元素是<span>的父元素,<ul>的子元素,同时是<div>的后代。
- <span>元素是<li>的子元素,同时是<ul>和<div>的后代。
- 两个<li>元素是同胞(拥有相同的父元素)。
- 右边的<li>元素是<b>的父元素,<ul>的子元素,同时是<div>的后代。
- <b>元素是右边的<li>的子元素,同时是<ul>和<div>的后代。

提示:祖先是指父、祖父、曾祖父等,而后代是指子、孙、曾孙等。同胞拥有相同的父。

**1. eq()方法用于筛选指定索引号的元素**

语法格式如下:

```
eq(index | - index)
```

其中,索引号 index 从 0 开始,若为负值,则从最后一个开始倒数,最后一个从-1 开始。

```
$("p").eq(1);   //如果选择器改为 $("p").eq(-1),则"我是第四个 P 会"被选中
<div>
    <p>我是第一个 P</p>
    <p>我是第二个 P</p>   //会被选中,索引值为 1
    <p>我是第三个 P</p>
    <p>我是第四个 P</p>
</div>
```

## 2. first()方法用于筛选出第一个匹配的元素

语法格式如下：

```
first()
```

此方法没有参数。

```
$("p").first();
<div>
    <p>我是第一个 P</p>    //我的索引值是 0,"我是第一个"会被选中
    <p>我是第二个 P</p>
    <p>我是第三个 P</p>
    <p>我是第四个 P</p>
</div>
```

## 3. last()方法用于筛选出最后一个匹配的元素

语法格式如下：

```
last()
```

此方法没有参数。

```
$("p").last();
<div>
    <p>我是第一个 P</p>
    <p>我是第二个 P</p>
    <p>我是第三个 P</p>
    <p>我是第四个 P</p>    //最后一个,故会被选中
</div>
```

## 4. hasClass()方法用于检查匹配的元素是否含有指定的类

语法格式如下：

```
hasClass(class)
```

其中,class 为类别名,返回布尔值。

```
if($("p").hasClass("p2")){
    alert("我里面含有 class = p2 的元素"); //会弹出,p 里存在 class = "p2"的元素
}
<div>
    <p>我是第一个 P</p>
    <p class = "p2">我是第二个 P</p>
    <p>我是第三个 P</p>
```

```
    <p>我是第四个P</p>
</div>
```

### 5. filter()方法用于筛选出与指定表达式匹配的元素集合

语法格式如下:

```
filter(expr|obj|ele|fn)
```

其中,expr 为匹配表达式;obj 为 jQuery 对象,用于匹配现有元素。

```
$("p").filter(".p2");
<div>
    <p>我是第一个P</p>
    <p class="p2">我是第二个P</p>   //我会被选中,我的class="p2"
    <p>我是第三个P</p>
    <p>我是第四个P</p>
</div>
```

### 6. is()方法用于检查元素是否在参数里能匹配上

语法格式如下:

```
is(expr|obj|ele|fn)
```

其中,expr 为匹配表达式;obj 为 jQuery 对象,用于匹配现有元素。

```
$($("p").first().is(".p2")){
    alert("不会弹出,因为第一个P的class不等于p2");
}
<div>
    <p>我是第一个P</p>
    <p class="p2">我是第二个P</p>   //我会被选中,我的class="p2"
    <p>我是第三个P</p>
    <p>我是第四个P</p>
</div>
```

### 7. map()方法用于把每个元素通过函数传递到当前匹配集合中以生成包含返回值的新的 jQuery 对象

语法格式如下:

```
map(callback)
```

将一组元素转换成其他数组(不论是否是元素数组),可以用这个函数来建立一个列表,不论是值、属性还是 CSS 样式，或者其他特别形式，这都可以用 $.map() 语句来方便地建立。

```
$.map( [0,1,2], function(n){
  return n + 5; //将原数组中每个元素加 5 转换为一个新数组.
});
//结果：
[5, 6, 7]
```

**8. has()方法用于筛选出包含指定子元素的元素**

语法格式如下：

```
has(expr|ele)
```

其中，expr 为选择表达式。

```
$("div").has("p");
<div>              //本 div 会被选中，因为该 div 含有 p 子元素
    <p>我是第一个 P</p>
    <p class="p2">我是第二个 P</p>
    <p>我是第三个 P</p>
    <p>我是第四个 P</p>
</div>
<div>
    <span>我是一个 span</spam>
</div>
```

**9. not()方法用于排除能够与参数相匹配的元素**

语法格式如下：

```
not(expr|ele|fn)
```

其中，expr 为选择表达式；fn 为一个用来检查集合中每个元素的函数。

```
$("p").not(".p2");
<div>
    <p>我是第一个 P</p>              //会被选中，没有 class=p2
    <p class="p2">我是第二个 P</p>   //不会被选中，因为有 class=p2 被 not(".p2")排除了
    <p>我是第三个 P</p>              //会被选中，没有 class=p2
    <p>我是第四个 P</p>              //会被选中，没有 class=p2
</div>
```

**10. slice()方法用于从指定索引开始截取指定个数的元素**

语法格式如下：

```
slice(start, [end])
```

其中，start 指开始位置；end 可选，指结束位置，但不包含结束位置那个，如果不指定，则匹配到最后一个。

```
$("p").slice(1,3)
<div>
    <p>我是第一个 P</p>              //不会被选中，我索引为 0
    <p class = "p2">我是第二个 P</p>  //会被选中，我索引为 1
    <p>我是第三个 P</p>              //会被选中，我索引为 2
    <p>我是第四个 P</p>              //不会被选中，索引为 3，但是不包括我
</div>
```

**11. children()方法用于筛选获取指定元素的资源**

语法格式如下：

```
children(expr);
```

获取指定元素的资源，其中 expr 为子元素筛选条件。

```
$("div").children(".p2");
<div>
    <p>我是第一个 P</p>              //不会被选中，虽然我是 div 的子元素，但是我没 class = p2
    <p class = "p2">我是第二个 P</p> //会被选中，我既是 div 的子元素，又有 class = p2
    <p>我是第三个 P</p>              //不会被选中，虽然我是 div 的子元素，但是我没 class = p2
    <p>我是第四个 P</p>              //不会被选中，虽然我是 div 的子元素，但是我没 class = p2
</div>
```

**12. closest()方法用于从当前元素开始返回最先匹配到的符合条件的父元素**

语法格式如下：

```
closest(expr);
```

其中，expr 指匹配表达式。

```
$("span").closest("p","div");
<div>                    //不会被选中，被 P 抢了先机
    <p>我是第一个 P       //P 会被选中，因为 P 符合条件，而且是最先匹配到的，虽然 div 也符合条
                         //件了，但是 div 不是最先匹配到的。因此 div 不会被选中
        <span>我是 P 里的 span</span>
    </p>
</div>
```

**13. find()方法用于从指定元素中查找子元素**

语法格式如下：

```
find(expr|obj|ele)
```

其中,expr 指匹配表达式;obj 指用于匹配的 jQuery 对象;ele 指 DOM 元素。

```
$("div").find(".p2");
    <div>
        <p>我是第一个 P</p>        //不会被选中,虽然我是 div 的子元素,但是我没 class = p2
        <p class = "p2">我是第二个 P</p>//会被选中,我既是 p 的子元素,又有 class = p2
        <p>我是第三个 P</p>        //不会被选中,虽然我是 div 的子元素,但是我没 class = p2
        <p>我是第四个 P</p>        //不会被选中,虽然我是 div 的子元素,但是我没 class = p2
    </div>
```

**14. next()方法用于获取指定元素的下一个兄弟元素**

语法格式如下:

```
next(expr)
```

其中,expr 可选,筛选条件,如果下一个兄弟元素不符合该条件则返回空。

```
$(".p2").next();
<div>
    <p>我是第一个 P</p>
    <p class = "p2">我是第二个 P</p>
    <p>我是第三个 P</p>       //我是.p2 的 next
    <p class = "p4">我是第四个 P</p>
</div>
```

**15. nextAll()方法用于获取其后的所有兄弟元素**

语法格式如下:

```
nextAll(expr)
```

其中,expr 可选,筛选条件,获取其后符合 expr 条件的所有兄弟元素。

```
$(".p2").nextAll();
<div>
    <p>我是第一个 P</p>
    <p class = "p2">我是第二个 P</p>
    <p>我是第三个 P</p>                //会被选中,是.p2 后面的兄弟元素
    <p class = "p4">我是第四个 P</p>   //会被选中,是.p2 后面的兄弟元素
</div>
```

**16. nextUntil()方法用于获取其后的元素直到与参数能匹配上的为止**

语法格式如下:

```
nextUntil([expr|ele][,fil])
```

其中,expr 为筛选表达式；ele 指 DOM 元素筛选,注意不包括参数里的那一个。

```
$(".p2").nextUntil(".p4");              //注意此方法并不会包括.p4
<div>
    <p>我是第一个 P</p>
    <p class = "p2">我是第二个 P</p>
    <p>我是第三个 P</p>                   //会被选中,是.p2 后面的兄弟元素
    <p class = "p4">我是第四个 P</p>      //不会被选中,我作为结束条件,但不包括我
</div>
```

17. **offsetPosition()方法用于返回第一个用于定位的祖先元素,即查找祖先元素中 position 为 relative 或 absolute 的元素**

语法格式如下:

```
offsetPosition()
```

此方法没有参数。由于 CSS 的绝对定位的定位基准是相对最近的一个已定位元素,因此此方法的作用不言而喻。

```
$("span").offsetParent();
<div style = "position:relative">  //选中的是 div,因此 div 是已定位元素。
    <p>
        <span>我是一个 span</span>
    </p>
</div>
```

18. **parent()方法用于获取指定元素的直接父元素**

语法格式如下:

```
parent(expr)
```

其中,expr 为筛选条件,如果直接父元素不符合条件,则不返回任何元素(无论它的祖先是否具有能与 expr 匹配的)。

```
$("span").parent();
<div style = "position:relative">
    <p>           //我是 span 的直接父元素,我会被匹配到
        <span>我是一个 span</span>
    </p>
</div>
```

19. parents()方法用于获取指定元素的所有祖先元素一直到碰到<body></body>标签为止

语法格式如下：

```
parents(expr)
```

其中，expr 为筛选条件，如果某个祖先元素不符合 expr 则排除。

```
$("span").parents();
<div style="position:relative">    //我是 span 的祖先元素,我也会被匹配到.另外<body>
                                   //</body>也会被匹配到
    <p>       //我是 span 的直接父元素,我会被匹配到
        <span>我是一个 span</span>
    </p>
</div>
```

20. parentsUntil()方法用于获取指定元素的祖先元素直到碰到与参数相匹配到的为止

语法格式如下：

```
parentsUntil(expr)
```

其中，expr 为停止参数，即一直匹配到 expr 为止，同时与参数相匹配的元素不会被选中。

```
$("span").parentsUntil("div");
<div style="position:relative">//我是 span 的祖先元素,但是我作为停止条件,我也不会被选中
    <p>        //我是 span 的直接父元素,我会被选中
        <span>我是一个 span</span>
    </p>
</div>
```

21. prev()方法用于获取指定元素的前一个兄弟元素

语法格式如下：

```
prev(expr)
```

其中，expr 可选。当上一个兄弟元素不符合参数中的条件时,不返回任何元素。

```
$(".p2").prev();
<div>
    <p>我是第一个 P</p>    //我会被选中,我是.p2 的前一个元素.
    <p class="p2">我是第二个 P</p>
    <p>我是第三个 P</p>
    <p class="p4">我是第四个 P</p>
</div>
```

**22. prevAll()方法用于获取指定元素前面的所有兄弟元素**

语法格式如下:

```
prevAll(expr)
```

其中,expr 可选,排除所有不能够被 expr 匹配上的元素。

```
$(".p4").prevAll(".p2");
<div>
    <p>我是第一个 P</p>       //不会被选中,虽然我是.p4 前面的兄弟元素,但是我没有 class = p2
    <p class = "p2">我是第二个 P</p>   //会被选中,我既是.p4 前面的兄弟元素,而且我有 class = p2
    <p>我是第三个 P</p>       //不会被选中,虽然我是.p4 前面的兄弟元素,但是我没有 class = p2
    <p class = "p4">我是第四个 P</p>
</div>
```

**23. prevUntil()方法用于获取指定元素前面的所有兄弟元素,直到碰到与参数相匹配到的为止**

语法格式如下:

```
prevUntil([expr|ele][,fil])
```

其中,expr 匹配表达式;ele 为 DOM 元素匹配。注意参数条件本身不会被匹配。

```
$(".p4").prevUntil(".p2");
<div>
    <p>我是第一个 P</p>                //不会被选中,到 p2 就停止了
    <p class = "p2">我是第二个 P</p>    //不会被选中,我是停止条件,不包括我
    <p>我是第三个 P</p>                //会被选中,我在.p2 前,递归到我到.p2
    <p class = "p4">我是第四个 P</p>    //不会被选中,我自己怎么可能是我自己前面的呢?
</div>
```

**24. siblings()方法获取指定元素的兄弟元素**

语法格式如下:

```
siblings(expr);
```

其中,expr 为筛选条件,不符合条件的不会选中。所获取元素不分前后。

```
$(".p2").siblings();
<div>
    <p>我是第一个 P</p>                //会被选中,我是.p2 的兄弟元素
    <p class = "p2">我是第二个 P</p>    //不会被选中,我是自己
    <p>我是第三个 P</p>                //会被选中,我是.p2 的兄弟元素
    <p class = "p4">我是第四个 P</p>    //会被选中,我是.p2 的兄弟元素
</div>
```

### 25. add()方法用于将选中的元素添加到 jQuery 对象集合中

语法格式如下：

```
add(expr|elements|html|jQueryObject)
```

其中，expr 指选择器表达式；elements 指 DOM 表达式；html 指 Html 片段；jQueryObject 指 jQuery 对象，将 jQuery 对象集合一起方便操作。

```
$(".p2").add("span").css("background-color","red");
<div>
    <p>我是第一个 P</p>
    <p class="p2">我是第二个 P</p>    //会变红
    <p>我是第三个 P</p>
    <p class="p4">我是第四个 P</p>
</div>
    <span>我是一个 span</span>        //会变红
```

### 26. andSelf()方法用于将自身加到选中的 jQuery 集合中以方便一次性操作

语法格式如下：

```
andSelf()
```

此方法无参数。

```
$(".p2").nextAll().andSelf().css("background-color","red");
<div>
    <p>我是第一个 P</p>
    <p class="p2">我是第二个 P</p>    //会变红,这就是 andSelf()的效果
    <p>我是第三个 P</p>               //会变红
    <p class="p4">我是第四个 P</p>    //会变红
</div>
```

### 27. end()方法将改变当前选择器选中的操作回退为上一个状态

end()方法没有参数。

```
$(".p2").next().end().css("background-color","red");
<div>
    <p>我是第一个 P</p>
    <p class="p2">我是第二个 P</p>    //会变红,这就 end()的效果
    <p>我是第三个 P</p>    //不会变红,尽管 next()方法之后选中的是这一个,但是由于被 end()
                          //方法回退了因此是上一个
    <p class="p4">我是第四个 P</p>
</div>
```

### 28. contents()

contents()方法没有参数。

contents()方法的返回值为jQuery类型,即返回一个新的jQuery对象,该对象包含了当前jQuery对象匹配元素的所有子节点(包括元素、文本、注释等所有类型的节点)。

只要两个HTML标记之间存在任何空白字符(空格、换行符等),就会被视作文本节点。

如果元素是一个<iframe>,则选取该文档的所有文档节点。如果没有匹配的元素,则返回空的jQuery对象。该方法与children()方法类似,不同的是它返回的是文本和注释节点。如果在相同的域中,contents()方法也能访问iframe的HTML。

```
$("div").contents().filter("em").wrap("<b/>");
//查找所有div元素内的文本节点,并且使用b元素包裹它们。
```

## 课后练习

1. 编写程序,实现将网页中所有p元素的背景颜色更改为红色。
2. 编写程序,选择<body>元素中每个可见的元素并将其设置为不可见。
3. 编写程序,实现选取包含指定字符串的元素。

# 第 10 章
# 使用 jQuery 制作动画与特效

Chapter 10

| 学习目标 | 掌握 jQuery 常见动画与特效的制作；<br>掌握 jQuery 的编程方法。 |

## 10.1 显示和隐藏元素

### 10.1.1 隐藏元素的 hide() 方法

通过使用 hide() 方法来隐藏被选的 HTML 元素。

语法格式如下：

```
$(selector).hide();
$(selector).hide(speed);
```

其中，speed 规定元素从可见到隐藏的速度，默认为 0，speed 是可选参数，可以取值为毫秒（比如 1500）、normal、slow、fast。

【案例】 隐藏效果。

新建文件 chap10_1.html，将<div>元素进行不同的隐藏，体会不同的隐藏速度，代码如下：

```
<html>
  <head>
    <script src="../jquery/jquery.js"></script>
    <script>
    $(document).ready(function(){
      $("p").click(function(){
        if($(this).parent().is(".div1") == true){ $(this).parent().hide(1500);};
        if($(this).parent().is(".div2") == true){ $(this).parent().hide("fast");};
        if($(this).parent().is(".div3") == true){ $(this).parent().hide("normal");};
        if($(this).parent().is(".div4") == true){ $(this).parent().hide("slow");};
      });
    });
    </script>
  </head>
  <body>
```

```
            <h3 class = "publishing1">清华大学出版社</h3>
            <div class = "div1">
                <p>联系人:赵先生<br />
                单击隐藏 speed = 1500 <br />
                </p>
            </div>
            <h3 class = "publishing2">北京大学出版社</h3>
            <div class = "div2">
                <p>联系人:钱先生<br />
                单击隐藏 speed = fast <br />
                </p>
            </div>
            <h3 class = "publishing3">中国人民大学出版社</h3>
            <div class = "div3">
                <p>联系人:孙先生<br />
                单击隐藏 speed = normal <br />
                </p>
            </div>
            <h3 class = "publishing4">中国农业大学出版社</h3>
            <div class = "div4">
                <p>联系人:李先生<br />
                单击隐藏 speed = slow <br />
                </p>
            </div>
        </body>
</html>
```

运行效果如图10-1所示。

图 10-1 元素的隐藏

## 10.1.2 显示元素的show()方法

通过使用show()方法来显示被选的HTML元素。

语法格式如下:

```
$(selector).show();
$(selector).show(speed);
```

其中，speed规定元素从不可见到显现的速度。默认为0，speed是可选参数，可以取值为毫秒（比如1500）、normal、slow、fast。

【案例】 显示元素。

新建文件chap10_2.html，在chap10_1.html文件中的javascript代码里面增加一段代码，实现单击＜h3＞标题，让相应隐藏了的＜div＞显现出来，体会不同的隐藏速度，代码如下：

```
<html>
  <head>
    <script src="../jquery/jquery.js"></script>
    <script>
    $(document).ready(function(){
      $("h3").click(function(){
        if($(this).is(".publishing1") == true){ $(".div1").show(1500); };
        if($(this).is(".publishing2") == true){ $(".div2").show("fast"); };
        if($(this).is(".publishing3") == true){ $(".div3").show("normal"); };
        if($(this).is(".publishing4") == true){ $(".div4").show("slow"); };
      });
    });
    </script>
  </head>

  <body>
    <h3 class="publishing1">清华大学出版社</h3>
    <div class="div1" style="display:none">
        <p>联系人:赵先生<br />
        单击隐藏 speed=1500<br />
        </p>
    </div>
    <h3 class="publishing2">北京大学出版社</h3>
    <div class="div2" style="display:none">
        <p>联系人:钱先生<br />
        单击隐藏 speed=fast<br />
        </p>
    </div>
    <h3 class="publishing3">中国人民大学出版社</h3>
    <div class="div3"   style="display:none">
        <p>联系人:孙先生<br />
        单击隐藏 speed=normal<br />
        </p>
    </div>
    <h3 class="publishing4">中国农业大学出版社</h3>
    <div class="div4" style="display:none">
```

```
            <p>联系人:李先生<br />
            单击隐藏 speed = slow<br />
            </p>
        </div>
    </body>
</html>
```

### 10.1.3　交替显示隐藏元素

toggle()方法相当于在方法 hide()和 show()之间切换,用此方法可检查元素是否可见,通过使用 toggle()方法切换被选元素的 hide()与 show()方法。如果元素已隐藏,则运行 show()方法,如果元素可见,则运行 hide()方法。这样就可以创造出切换效果。

语法格式如下:

```
$(selector).toggle();
$(selector).toggle(speed);
```

其中,speed 规定元素切换显现隐藏的速度。默认为 0,speed 是可选参数,可以取值为毫秒(比如 1500)、normal、slow、fast。

利用 toggle()函数,可以很容易地将上面例子中的 javascript 代码部分做出修改。

【案例】　交替显示隐藏元素。

新建文件 chap10_3(1).html,单击<h3>标题,实现对相应的<div>元素的隐藏或者显现,代码如下,从中可以体会不同的 toggle()速度参数。

```
<script type="text/javascript">
$(document).ready(function(){
  $("h3").click(function(){
      if($(this).is(".publishing1") == true){ $(".div1").toggle(1500); };
      if($(this).is(".publishing2") == true){ $(".div2").toggle("fast"); };
      if($(this).is(".publishing3") == true){ $(".div3").toggle("normal"); };
      if($(this).is(".publishing4") == true){ $(".div4").toggle("slow"); };
  });
});
</script>
```

toggle()方法用于绑定两个或多个事件处理器函数,以响应被选元素的轮流的 click 事件。

```
<html>
  <head>
    <script type="text/javascript" src="/jquery/jquery.js"></script>
    <script type="text/javascript">
     $(document).ready(function(){
       $("button").toggle(function(){
         $("body").css("background-color","red");},
```

```
         function(){
           $("body").css("background-color","yellow");},
         function(){
           $("body").css("background-color","blue");}
       );
     });
   </script>
 </head>
 <body>
   <button>请单击这里,来切换不同的背景颜色</button>
 </body>
</html>
```

当然对 toggle()方法还有另外两种用法。

（1）Toggle 事件绑定两个或更多函数。

当指定元素被单击时,在两个或多个函数之间轮流切换。

如果规定了两个以上的函数,则 toggle()方法将切换所有函数。例如,如果存在三个函数,则第一次单击将调用第一个函数,第二次单击调用第二个函数,第三次单击调用第三个函数,第四次单击再次调用第一个函数,以此类推。

语法格式如下：

```
$(selector).toggle(function1(),function2(),functionN(),...)
```

新建文件 chap10_3(2).html,代码如下：

```
<html>
  <head>
    <script type="text/javascript" src="../jquery/jquery.js"></script>
    <script type="text/javascript">
     $(document).ready(function(){
       $("button").toggle(function(){
         $(".yuan").css("background-color","red");},
         function(){
           $(".yuan").css("background-color","yellow");},
         function(){
           $(".yuan").css("background-color","green");}
       );
     });
    </script>

    <style type="text/css">
        .yuan{
            border-radius:50%; /*圆角*/
            width: 200px;
            height: 200px;
            background-color: #000000; /*初始黑色*/
        }
```

第10章 使用jQuery制作动画与特效

```
    </style>
  </head>

  <body>
    <div class = "yuan"></div><br />
    <p>单击按钮,切换圆的背景颜色</p><br />
    <button>toggle()切换</button><br />
  </body>
</html>
```

单击切换按钮图案圆背景的颜色从初始黑色开始,在红、黄、绿……红、黄、绿……之间依次切换运行效果如图10-2所示。

图10-2 切换圆的背景颜色

(2)规定是否只显示或只隐藏所有匹配的元素。
语法格式如下:

```
$(selector).toggle(switch)
```

其中,switch 取值为 true 则显示元素,为 false 则隐藏元素。
新建文件 chap10_3(3).html。

```
<html>
  <head>
    <script type = "text/javascript" src = "../jquery/jquery.js"></script>
    <script type = "text/javascript">
      $(document).ready(function(){
        $(".btn1").click(function(){
          $("p").toggle(true);
        });
      });
    </script>
  </head>
  <body>
```

```
        <p>这是段落一</p>
        <p style="display:none">(默认不显示)这是段落二</p>
        <p>把 switch 参数设置为 true 显示所有段落,<br />
            设为 false 可以隐藏所有段落.</p>
        <button class="btn1">显示所有 p 元素</button>
    </body>
</html>
```

代码中有三个 &lt;p&gt; 段落,页面加载段落二设定是 display 而不做显示。单击按钮后 toggle(true),三个段落都显示。如果参数是 false,那单击后三个段落都不显示,大家可以自己修改参数测试。运行效果如图 10-3 所示。

图 10-3  显示或隐藏所匹配的元素

## 10.2 滑动效果

通过 jQuery,可以在元素上创建滑动效果。
jQuery 拥有以下滑动方法。
- slideDown():向下滑动。
- slideUp():向上滑动。
- slideToggle():在向上滑动与向下滑动之间切换。

### 10.2.1 向上收缩效果

slideUp()方法用于向上滑动元素。
语法格式如下:

```
$(selector).slideUp(speed);
```

其中,可选的 speed 参数规定效果的时长,可以取值为 slow、fast 或毫秒。

【案例】 向上收缩效果。
新建文件 chap10_4.html,演示 slideUp()方法的使用,代码如下:

```
<html>
    <head>
        <script type="text/javascript" src="../jquery/jquery.js"></script>
        <script type="text/javascript">
            $(document).ready(function(){
```

```
        $("h3").click(function(){
            if( $(this).is(".publishing1") == true){ $(".div1").slideUp(1500); };
            if( $(this).is(".publishing2") == true){ $(".div2").slideUp("fast"); };
            if( $(this).is(".publishing3") == true){ $(".div3").slideUp("normal"); };
            if( $(this).is(".publishing4") == true){ $(".div4").slideUp("slow"); };
        });
    });
    </script>
</head>

<body>
    <h3 class="publishing1">清华大学出版社</h3>
    <div class="div1">
        <p>联系人:赵先生<br />
           单击向上收缩 speed=1500<br />
        </p>
    </div>
    <h3 class="publishing2">北京大学出版社</h3>
    <div class="div2">
        <p>联系人:钱先生<br />
           单击向上收缩 speed=fast<br />
        </p>
    </div>
    <h3 class="publishing3">中国人民大学出版社</h3>
    <div class="div3">
        <p>联系人:孙先生<br />
           单击向上收缩 speed=normal<br />
        </p>
    </div>
    <h3 class="publishing4">中国农业大学出版社</h3>
    <div class="div4">
        <p>联系人:李先生<br />
           单击向上收缩 speed=slow<br />
        </p>
    </div>
</body>
</html>
```

## 10.2.2 向下展开效果

jQuery slideDown()方法用于向下滑动元素。

语法格式如下:

```
$(selector).slideDown(speed,callback);
```

其中,可选的 speed 参数规定效果的时长,可以取值为 slow、fast 或毫秒;可选的 callback 参数是指当元素滑动完成后所执行的函数名称。

【案例】 向下展开效果。

新建文件 chap10_5.html，演示 slideDown()方法的使用，代码如下：

```html
<html>
  <head>
    <script type="text/javascript" src="../jquery/jquery.js"></script>
      <script type="text/javascript">
      $(document).ready(function(){
        $("h3").click(function(){
          if($(this).is(".publishing1") == true){ $(".div1").slideDown(1500); };
          if($(this).is(".publishing2") == true){ $(".div2").slideDown("fast"); };
          if($(this).is(".publishing3") == true){ $(".div3").slideDown("normal"); };
          if($(this).is(".publishing4") == true){ $(".div4").slideDown("slow"); };
        });
      });
      </script>
  </head>

  <body>
    <h3 class="publishing1">清华大学出版社</h3>
    <div class="div1" style="display:none">
        <p>联系人：赵先生<br />
        单击向下展开 speed = 1500<br />
        </p>
    </div>
    <h3 class="publishing2">北京大学出版社</h3>
    <div class="div2" style="display:none">
        <p>联系人：钱先生<br />
        单击向下展开 speed = fast<br />
        </p>
    </div>
    <h3 class="publishing3">中国人民大学出版社</h3>
    <div class="div3" style="display:none">
        <p>联系人：孙先生<br />
        单击向下展开 speed = normal<br />
        </p>
    </div>
    <h3 class="publishing4">中国农业大学出版社</h3>
    <div class="div4" style="display:none">
        <p>联系人：李先生<br />
        单击向下展开 speed = slow<br />
        </p>
    </div>
  </body>
</html>
```

### 10.2.3 交替伸缩效果

jQuery 中的 slideToggle()方法可以实现在 slideDown()与 slideUp()方法之间进行切换。如果元素向下滑动，则执行 slideToggle()可向上滑动它们；如果元素向上滑动，则执行

slideToggle()可向下滑动它们。

语法格式如下:

```
$(selector).slideToggle(speed);
```

其中,可选的 speed 参数规定效果的时长,可以取值为 slow、fast 或毫秒。

【案例】 交替伸缩效果。

新建文件 chap10_6.html,演示 slideToggle()方法的使用,代码如下:

```
<html>
  <head>
    <script src="../jquery/jquery.js"></script>
    <script>
    $(document).ready(function(){
      $("h3").click(function(){
        if($(this).is(".publishing1") == true){ $(".div1").slideToggle(1500); };
        if($(this).is(".publishing2") == true){ $(".div2").slideToggle("fast"); };
        if($(this).is(".publishing3") == true){ $(".div3").slideToggle("normal"); };
        if($(this).is(".publishing4") == true){ $(".div4").slideToggle("slow"); };
      });
    });
    </script>
  </head>

  <body>
    <h3 class="publishing1">清华大学出版社</h3>
    <div class="div1" style="display:none">
        <p>联系人:赵先生<br />
        单击交替伸缩 speed = 1500 <br />
        </p>
    </div>
    <h3 class="publishing2">北京大学出版社</h3>
    <div class="div2" style="display:none">
        <p>联系人:钱先生<br />
        单击交替伸缩 speed = fast <br />
        </p>
    </div>
    <h3 class="publishing3">中国人民大学出版社</h3>
    <div class="div3"  style="display:none">
        <p>联系人:孙先生<br />
        单击交替伸缩 speed = normal <br />
        </p>
    </div>
    <h3 class="publishing4">中国农业大学出版社</h3>
    <div class="div4" style="display:none">
        <p>联系人:李先生<br />
        单击交替伸缩 speed = slow <br />
        </p>
    </div>
  </body>
</html>
```

## 10.3 淡入/淡出效果

通过 jQuery,可以实现元素的淡入/淡出效果。
jQuery 拥有下面四种 fade 方法。
- fadeIn():实现淡入效果。
- fadeOut():实现淡出效果。
- fadeToggle():实现交替淡入/淡出效果。
- fadeTo():实现淡入/淡出的不透明效果。

### 10.3.1 淡入效果

fadeIn()用于淡入已隐藏的元素。
语法格式如下:

```
$(selector).fadeIn(speed,callback);
```

其中,可选的 speed 参数用于规定效果的时长,可以取值为 slow、fast 或毫秒;可选的 callback 参数是淡入效果完成后所执行的函数名称。

**【案例】** 淡入效果。

新建文件 chap10_7.html,演示带有不同参数的 fadeIn()方法的使用,代码如下:

```html
<html>
  <head>
    <script src="../jquery/jquery.js"></script>
    <script>
    $(document).ready(function(){
      $("button").click(function(){
        $("#div1").fadeIn();
        $("#div2").fadeIn("slow");
        $("#div3").fadeIn(3000);
      });
    });
    </script>
  </head>

  <body>
    <p>演示带有不同参数的 fadeIn() 方法。</p>
    <button>单击这里,使三个矩形淡入</button>
    <br><br>
    <div id="div1" style="float:left;width:80px;height:80px;
         background-color:red;display:none;">第一个</div>
    <div id="div2" style="float:left;width:80px;height:80px;
         background-color:yellow;display:none;">第二个</div>
    <div id="div3" style="float:left;width:80px;height:80px;
         background-color:green;display:none;">第三个</div>
  </body>
</html>
```

## 10.3.2 淡出效果

在 jQuery 中 fadeOut() 方法用于实现可见元素的淡出效果。

语法格式如下：

```
$(selector).fadeOut(speed,callback);
```

其中，可选的 speed 参数规定效果的时长，可以取值为 slow、fast 或毫秒；可选的 callback 参数是淡出效果完成后所执行的函数名称。

【案例】 淡出效果。

新建文件 chap10_8.html，演示带有不同参数的 fadeOut() 方法的使用，代码如下：

```html
<html>
<head>
  <script src="../jquery/jquery.js"></script>
  <script>
  $(document).ready(function(){
    $("button").click(function(){
      $("#div1").fadeOut();
      $("#div2").fadeOut("slow");
      $("#div3").fadeOut(3000);
    });
  });
  </script>
</head>

<body>
  <p>演示带有不同参数的 fadeOut() 方法.</p>
  <button>单击这里,使三个矩形淡出</button>
  <br><br>
  <div id="div1" style="float:left;width:80px;height:80px;
    background-color:red;">第一个</div>
  <div id="div2" style="float:left;width:80px;height:80px;
    background-color:yellow;">第二个</div>
  <div id="div3" style="float:left;width:80px;height:80px;
    background-color:green;">第三个</div>
</body>
</html>
```

## 10.3.3 交替淡入/淡出效果

在 jQuery 中 fadeToggle() 方法可以实现在 fadeIn() 与 fadeOut() 方法之间进行切换的执行效果。

如果元素已淡出，则 fadeToggle() 会向元素添加淡入效果；如果元素已淡入，则 fadeToggle() 会向元素添加淡出效果。

语法格式如下：

```
$(selector).fadeToggle(speed,callback);
```

其中,可选的 speed 参数规定效果的时长,可以取值为 slow、fast 或毫秒;可选的 callback 参数是淡入淡出效果完成后所执行的函数名称。

【案例】 交替淡入/淡出。

新建文件 chap10_9.html,演示带有不同参数的 fadeToggle()方法的使用,代码如下:

```
$("button").click(function(){
  $("#div1").fadeToggle();
  $("#div2").fadeToggle("slow");
  $("#div3").fadeToggle(3000);
});
```

### 10.3.4 不透明效果

在 jQuery 中 fadeTo()方法允许渐变为给定的不透明度(值介于 0 与 1 之间)。

语法格式如下:

```
$(selector).fadeTo(speed,opacity);
```

其中,必需的 speed 参数规定效果的时长,可以取值为 slow、fast 或毫秒;必需的 opacity 参数将淡入/淡出效果设置为给定的不透明度(值介于 0 与 1 之间)。

【案例】 不透明效果。

新建文件 chap10_10.html,演示带有不同参数的 fadeTo()方法的使用,代码如下:

```
$("button").click(function(){
  $("#div1").fadeTo("slow",0.15);
  $("#div2").fadeTo("slow",0.4);
  $("#div3").fadeTo("slow",0.7);
});
```

## 10.4 自定义动画效果

### 10.4.1 自定义动画

在 jQuery 中 animate()方法用于创建自定义动画。
语法格式如下:

```
$(selector).animate({params},speed);
```

其中,必需的 params 参数定义形成动画的 CSS 属性;可选的 speed 参数规定效果的时长,可以取值为 slow、fast 或毫秒。

默认情况下,所有 HTML 元素的位置都是静态的,并且无法移动。如需对元素的位置进行操作，应首先把元素的 position 属性设置为 relative、fixed 或 absolute。调用 animate()方法不仅可以制作渐渐变大的简单动画效果，而且能制作移动位置的动画。

【案例】 自定义动画。

新建文件 chap10_11.html，演示 animate()方法的简单应用，即把＜div＞元素移动到左边，直到 left 属性等于 200 像素为止，代码如下：

```html
<html>
  <head>
    <script src="../jquery/jquery.js">
    </script>
    <script>
      $(document).ready(function(){
        $("button").click(function(){
              $("div").animate({left:'200px'},"slow");
        });
      });
    </script>
  </head>

  <body>
    <button>开始动画</button>
    <div style="background:red;height:200px;width:200px;position:absolute;">清华大学
    </div>

  </body>
</html>
```

可以看到用 animate()方法能改变 CSS 的属性值，那是否可以操纵所有的 CSS 属性呢？答案是肯定的，不过需要记住一件重要的事情，当使用 animate()时，必须使用 Camel 标记法定义所有的属性名，比如，必须使用 paddingLeft 而不是 padding-left，使用 marginRight 而不是 margin-right，等等。

## 10.4.2 动画队列

在 jQuery 中对 animate()方法可使用队列功能。

默认地，jQuery 可提供针对动画的队列功能。这意味着如果编写多个 animate()方法调用，jQuery 会创建包含这些方法调用的"内部"队列，然后逐一调用这些 animate 方法。

【案例】 动画队列。

新建文件 chap10_12.html，代码如下：

```html
<html>
  <head>
    <script src="../jquery/jquery.js"></script>
    <script>
      $(document).ready(function(){
        $("button").click(function(){
```

```
            var div = $("div");
            div.animate({left:'100px'},"slow");
            div.animate({height:' += 100px',width:' += 100px'});
            div.animate({fontSize:'3em'},"slow");
        });
    });
</script>
</head>
<body>
    <button>开始动画</button>
    <div style = "background:red;height:100px;width:100px;position:absolute;">清华大学
    </div>
</body>
</html>
```

代码中有一个 3 个动画的队列。

(1) 将<div>元素的 left 属性移动到 100px。

(2) 将<div>的高宽属性的值各增加 100px。

(3) 将<div>内的文字属性变大到 3em 大小。

运行效果如图 10-4 所示。

图 10-4 队列功能

### 10.4.3 动画停止和延时

在 jQuery 中,通过 animate()方法可以实现元素的动画显示,但在显示的过程中,必须要考虑各种客观因素和限制性条件的存在,因此,在执行动画时,可通过 stop()方法停止或 delay()方法延时某个动画的执行。

stop()方法的应用格式如下：

```
stop([clearQueue],[gotoEnd])
```

这个方法的功能是停止所选元素正在执行的动画。其中,可选参数[clearQueue]是一个布尔值,表示是否停止正在执行的动画队列,默认值是 false,即仅停止活动的动画,允许任何排入队列的动画向后执行；另外一个可选参数[gotoEnd]也是一个布尔值,表示是否立即完成正在执行的动画,默认值是 false。使用 stop()方法会清除在被选元素上指定的当前动画。

调用 stop() 方法停止当前所有动画效果,在动画完成之前,停止当前正在执行的动画效果,而这些效果包括滑动、淡入淡出和自定义的动画。

【案例】 动画停止。

新建文件 chap10_13(1).html,代码如下:

```
<html>
  <head>
    <script src="../jquery/jquery.js"></script>
    <style>
    div {
        margin: 10px 0px;
    }

    span {
        position: absolute;
        width: 80px;
        height: 80px;
        border: solid 1px #ccc;
        margin: 0px 8px;
        background-color: Red;
        color: White;
        vertical-align: middle
    }
    </style>
  </head>

  <body>
    <h3>调用 stop()方法执行动画停止</h3>
    <span></span>
    <input id="btnStop" type="button" value="停止" />
    <div id="tip"></div>

    <script type="text/javascript">
        $(function() {
            $("span").animate({
                left: " += 100px"
            }, 3000, function() {
                $(this).animate({
                    height: ' += 50px',
                    width: ' += 50px'
                }, 3000, function() {
                    $("#tip").html("动画完毕!");
                });
            });
            $("#btnStop").bind("click", function() {
                $("span").stop(); //stop()功能是停止所选元素正在执行的动画
                $("#tip").html("动画停止!");
```

```
                });
            });
        </script>
    </body>
</html>
```

当不单击按钮时将不做任何干预,其结果是会运行<span>动画队列。
(1) 将<span>红色方块的 left 属性移动到 100px(即向右移动)。
(2) 将<span>的高宽属性的值各增加 50px。
(3) 在<span>动画队列完成,同时将在<div id="tip">标签内提示 html 文字"动画完毕!"。

运行效果如图 10-5 所示。

在这个<span>动画队列中的任何时间,都可以通过单击按钮停止动画,在<div id="tip">标签内会提示 html 文字"动画停止!"。显示效果如图 10-6 所示。

图 10-5 运行效果

图 10-6 动画停止

动画延时 delay()方法的格式如下:

```
delay(duration,[queueName])
```

这个方法的功能是设置一个延时值来推迟后续队列中动画的执行,其中,参数 duration 为延时的时间值,当超过延时值时,动画继续执行,单位是毫秒;而可选参数[queueName]表示队列名词,即动画队列。

【案例】 动画延时。

新建文件 chap10_13(2).html,代码如下:

```
<html>
  <head>
    <script src="../jquery/jquery.js"></script>
    <style>
    div {
        margin: 10px 0px;
    }
    span {
        position: absolute;
        width: 80px;
        height: 80px;
        border: solid 1px #ccc;
```

```
                margin: 0px 8px;
                background-color: Red;
                color: White;
                vertical-align: middle
            }
        </style>
    </head>
    <body>
        <h3>调用delay()方法延时执行动画效果</h3>
        <span></span>
        <input id="btnStop" type="button" value="延时" />
        <div id="tip"></div>
        <script type="text/javascript">
            $(function() {
                $("span").animate({
                    left: ' += 100px'
                }, 3000, function() {
                    $(this).animate({
                        height: ' += 50px',
                        width: ' += 50px'
                    }, 3000, function() {
                        $("#tip").html("动画完毕!");
                    });
                });
                $("#btnStop").bind("click", function() {
                    //delay是对动画队列的延时,而不是实时生效的
                    $("span").delay(3000);
                    $("#tip").html("动画延时!");
                });
            });
        </script>
    </body>
</html>
```

效果如图10-7(a)～图10-7(c)所示。

(a) 动画正在执行　　(b) 动画被延时　　(c) 超过延时值后动画继续执行

图10-7　调用delay()方法延时执行动画效果

## 课 后 练 习

1. 使用jQuery实现先淡出再折叠收起的动画效果。
2. 使用jQuery制作Loading动画特效。

# 第 11 章

# jQuery 与 Ajax

Chapter 11

**学习目标**　了解 Ajax 的概念及功能；
掌握 jQuery 与 Ajax 方法与事件。

## 11.1　Ajax 简介

Ajax 是 Asynchronous JavaScript And XML 的首字母缩写。Ajax 并不是一种新的编程语言，而仅仅是一种技术，利用它可以创建更好、更快且交互性更强的 Web 应用程序。

Ajax 使用 JavaScript 在 Web 浏览器与 Web 服务器之间来发送和接收数据。通过在后台与 Web 服务器交换数据，而不是每当用户做出改变时重载整个 Web 页面，Ajax 技术可以使网页更迅速地做出响应。

### 11.1.1　Ajax 概述

Ajax 一词是在 2005 年由 Jesse James Garrett 提出的，用来描述一种使用现有技术集合的"新"方法，包括 HTML 或 XHTML、CSS、JavaScript、DOM、XML、XSLT，以及最重要的 XMLHttpRequest。使用 Ajax 技术网页应用能够快速地将增量更新呈现在用户界面上，而不需要重载（刷新）整个页面，这使得程序能够更快地回应用户的请求。

Ajax 使用 JavaScript 在 Web 浏览器与 web 服务器之间来发送和接收数据。通过在后台与服务器进行少量数据交换，Ajax 可以使网页实现异步更新。这意味着可以在不重新加载整个网页的情况下，即对网页的某部分进行更新。而传统的网页（不使用 Ajax）如果需要更新内容，则必须重载整个网页页面。

Ajax 基于 JavaScript、XML、HTML、CSS 开放标准，Ajax 应用程序独立于浏览器和平台。可以说，它是一种跨平台跨浏览器的技术。大多数 Web 应用程序可通过使用 Ajax 技术进行重写，来替代传统的 HTML 表单。

### 11.1.2　Ajax 原理和 XmlHttpRequest 对象

**1. Ajax 的工作原理**

Ajax 的工作原理相当于在用户和服务器之间加了一个中间层（Ajax 引擎），从而用户操作与服务器响应异步化。并不是所有的用户请求都提交给服务器。像一些数据验证和数据处理等任务可交给 Ajax 引擎自己来做，只有确定需要从服务器读取新数据时再由 Ajax

引擎代为向服务器提交请求,如图 11-1、图 11-2 所示。

图 11-1　传统的 Web 应用模型

图 11-2　Ajax 的 Web 应用模型

(图片引自网址"https://blog.csdn.net/weixin_37580235/article/details/81459282")

【案例】　修改 div 显示文字。

在网页中创建按钮和 div,单击该按钮可修改显示的文字内容,网页运行效果如图 11-3 所示。

创建网页文件 chap11_1.html,代码如下:

```
< html xmlns = "http://www.w3.org/1999/xhtml">
  < head >
    < meta http - equiv = "Content - Type" content = "text/html; charset = utf - 8" />
    < title >无标题文档</title>
    < script type = "text/javascript">
```

```
            function loadXMLDoc()
            {
                document.write("<div id='myDiv'><h3>欢迎学习Ajax!</h3></div>");
            }
        </script>
    </head>
    <body>
        <div id="myDiv"><h3>DIV文字,单击按钮可更新文字内容</h3></div>
        <button type="button" onclick="loadXMLDoc()">更新显示内容</button>
    </body>
</html>
```

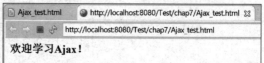

图 11-3 修改 div 显示文字

### 2. XmlHttpRequest 对象

Ajax 的执行是通过 XmlHttpRequest 对象来向服务器发出异步请求,从服务器获得数据,然后用 javascript 来操作 DOM 而更新页面。其中最关键的一步就是从服务器获得请求数据。XMLHttpRequest 是 ajax 的核心机制,它是在微软公司 IE 5 中首先引入的,是一种支持异步请求的技术。简单地说,也就是 javascript 可以及时向服务器提出请求和处理响应,达到无刷新的效果。

浏览器的普通交互方式如图 11-4 所示。

浏览器的 Ajax 交互方式如图 11-5 所示。

XMLHttpRequest 对象包括以下属性。

（1）onreadystatechange。每次状态改变所触发的事件处理程序。

（2）responseText。从服务器进程返回数据的字符串形式。

（3）responseXML。从服务器进程返回的 DOM 兼容的文档数据。

（4）status。从服务器返回的数字代码,比如常见的 404（未找到）和 200（已就绪）。

（5）statusText。伴随状态码的字符串信息。

（6）readyState。包括以下对象状态值。

0（未初始化）：对象已建立,但是尚未初始化（尚未调用 open()方法）。

1（初始化）：对象已建立,尚未调用 send()方法。

2（发送数据）：send()方法已调用,但是当前的状态及 http 头未知。

3（数据传送中）：已接收部分数据,因为响应及 http 头不全,这时通过 responseBody 和 responseText 获取部分数据会出现错误。

4（完成）：数据接收完毕,此时可以通过 responseXml 和 responseText 获取完整的回应数据。

但是,由于各浏览器之间存在差异,所以创建一个 XMLHttpRequest 对象可能需要不

图 11-4　浏览器的普通交互方式

（图片引自网址"https://blog.csdn.net/weixin_37580235/article/details/81459282"）

图 11-5　浏览器的 Ajax 交互方式

（图片引自网址"https://blog.csdn.net/weixin_37580235/article/details/81459282"）

同的方法。这个差异主要体现在 IE 和其他浏览器之间。

（1）创建 XMLHttpRequest 对象的语法：

```
variable = new XMLHttpRequest();
```

（2）老版本的 Internet Explorer（IE 5 和 IE 6）使用 ActiveX 对象：

```
variable = new ActiveXObject("Microsoft.XMLHTTP");
```

为了兼容各浏览器，包括 IE 5 和 IE 6，在创建 XMLHttpRequest 对象前应检查浏览器是否支持 XMLHttpRequest 对象。如果支持，则创建 XMLHttpRequest 对象；如果不支持，则创建 ActiveXObject 对象。

下面是一个比较标准的创建 XMLHttpRequest 对象的方法。

```
function CreateXmlHttp() {
//非 IE 浏览器创建 XmlHttpRequest 对象,IE 7+、Firefox、Chrome、Opera、Safari 浏览器使用
    if (window.XmlHttpRequest) {
        xmlhttp = new XmlHttpRequest();
    }
//IE 浏览器创建 XmlHttpRequest 对象, IE 6、IE 5 浏览器使用
    if (window.ActiveXObject) {
        try {
            xmlhttp = new ActiveXObject("Microsoft.XMLHTTP");
        }
        catch (e) {
            try {
                xmlhttp = new ActiveXObject("msxml2.XMLHTTP");
            }
            catch (ex) { }
        }
    }
}
function Ustbwuyi() {
var data = document.getElementById("username").value;
    CreateXmlHttp();
    if (!xmlhttp) {
        alert("创建 xmlhttp 对象异常!");
        return false;
    }
    xmlhttp.open("POST", url, false);
    xmlhttp.onreadystatechange = function () {
        if (xmlhttp.readyState == 4) {
            document.getElementById("user1").innerHTML = "数据正在加载...";
            if (xmlhttp.status == 200) {
                document.write(xmlhttp.responseText);
            }
        }
    }
    xmlhttp.send();
}
```

函数首先检查 XMLHttpRequest 的整体状态并且保证它已经完成（readyStatus＝4），即数据已经发送完毕。然后根据服务器的设定询问请求状态，如果一切已经就绪（status＝200），那么就可以执行向服务器发送请求。

### 3. 向服务器发送请求

如需将请求发送到服务器，可以使用 XMLHttpRequest 对象的 open()和 send()方法。

(1) open()方法。

语法：xmlhttp.open("GET/POST","url",true/false);

其中：
- GET 为向服务器提交数据的类型，即 post 还是 get。
- url 为请求的 url 地址和传递的参数。
- true/false 为传输方式，false 为同步，true 为异步。

**注意**：默认值为 true。如果是异步通信方式(true)，客户机不必等待服务器作出响应后再做动作；而如果是同步方式(false)，客户机就要等到服务器返回消息后才去执行其他操作。需要根据实际需要来指定同步方式，在某些页面中，可能会发出多个请求，以致后一个会覆盖前一个导致数据丢失，为避免数据丢失这个时候必须要指定同步方式。

(2) send()方法。

send()方法用来发送请求。语法格式如下：

xmlhttp.send(string);

其中，string 用于将请求发送到服务器，仅用于 POST 请求。

知道了 XMLHttpRequest 的工作流程，可以看出，XMLHttpRequest 是完全用来向服务器发出一个请求的，它的作用仅限于此，但其作用是整个 ajax 实现的关键，因为 ajax 无非是两个过程，发出请求和响应请求。并且它完全是一种客户端的技术。而 XMLHttpRequest 正是处理了服务器端和客户端通信的问题所以才会如此的重要。

**注意**：可以把服务器端看成一个数据接口，它返回的是一个纯文本流，当然，这个文本流可以是 XML 格式，可以是 Html，可以是 JavaScript 代码，也可以只是一个字符串。这时候，XMLHttpRequest 向服务器端请求这个页面，服务器端将文本的结果写入页面，这和普通的 Web 开发流程是一样的，不同的是，客户端在异步获取这个结果后，不是直接显示在页面，而是先由 JavaScript 来处理，然后再显示在页面。

【案例】通过 GET 方法发送请求。

向 Ajax_user.jsp 页面发送信息，传递参数 name 和 pass。运行效果如图 11-6 所示。

 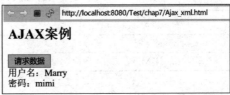

图 11-6 页面运行效果

创建网页文件 Ajax_xml.html，代码如下：

```
<html>
  <head>
    <meta http-equiv="Content-Type" content="text/html; charset=UTF-8">
```

```
    <title>通过GET方法发送信息</title>
    <script type="text/javascript">
      function loadXMLDoc()
      {
        var xmlhttp;
        if (window.XMLHttpRequest)
        {//code for IE7+, Firefox, Chrome, Opera, Safari
          xmlhttp = new XMLHttpRequest();
        }
        else
        {//code for IE 6, IE 5
          xmlhttp = new ActiveXObject("Microsoft.XMLHTTP");
        }
        xmlhttp.onreadystatechange = function()
        {
          if (xmlhttp.readyState == 4 && xmlhttp.status == 200)
          {
            document.getElementById("myDiv").innerHTML = xmlhttp.responseText;
          }
        }
        xmlhttp.open("GET","Ajax_user.jsp?name=Marry&pass=mimi",true);
        xmlhttp.send();
      }
    </script>
  </head>
  <body>
    <h2>AJAX案例</h2>
    <button type="button" onclick="loadXMLDoc()">请求数据</button>
    <div id="myDiv"></div>
  </body>
</html>
```

说明：如需获得来自服务器的响应，使用XMLHttpRequest对象的responseText或responseXML属性，如表11-1所示。

表11-1 responseText 或 responseXML 属性

| 属性 | 描述 |
| --- | --- |
| responseText | 获得字符串形式的响应数据 |
| responseXML | 获得XML形式的响应数据 |

创建网页文件Ajax_user.jsp，代码如下：

```
<html>
  <head>
    <%@ page language="java" contentType="text/html; charset=UTF-8"
        pageEncoding="UTF-8"%>
    <meta http-equiv="Content-Type" content="text/html; charset=UTF-8">
    <title>在此处插入标题</title>
```

```
    </head>
    <body>
      <%
      request.setCharacterEncoding("UTF-8");
      String name = request.getParameter("name");
      String pass = request.getParameter("pass");
      out.print("用户名:" + name + "<br>");
      out.print("密码:" + pass);
      %>
    </body>
</html>
```

【案例】 通过POST方法发送请求。

分析：实现像HTML表单那样POST数据，需要用setRequestHeader()来添加HTTP头。在send()方法中设置要发送的数据。

复制Ajax_xml.html页面文件，粘贴到一个新文件中并将其另存为Ajax_xml2.html，代码如下：

```
<html>
  <head>
    <meta http-equiv="Content-Type" content="text/html; charset=UTF-8">
    <title>通过POST方法发送信息</title>
    <script type="text/javascript">
      function loadXMLDoc()
      {
        var xmlhttp;
        if (window.XMLHttpRequest)
        {//code for IE7+, Firefox, Chrome, Opera, Safari
          xmlhttp = new XMLHttpRequest();
        }
        else
        {//code for IE6, IE5
          xmlhttp = new ActiveXObject("Microsoft.XMLHTTP");
        }
        xmlhttp.onreadystatechange = function()
        {
          if (xmlhttp.readyState == 4 && xmlhttp.status == 200)
          {
            document.getElementById("myDiv").innerHTML = xmlhttp.responseText;
          }
        }
        xmlhttp.open("POST","Ajax_user.jsp",true);
        xmlhttp.setRequestHeader("Content-type","application/x-www-form-urlencoded");
        xmlhttp.send("name=Marry&pass=mimi");
      }
    </script>
  </head>
  <body>
```

```
        <h2>AJAX 案例</h2>
        <button type="button" onclick="loadXMLDoc()">请求数据</button>
        <div id="myDiv"></div>
    </body>
</html>
```

### 11.1.3　jQuery 中 Ajax 操作函数

jQuery 库拥有完整的 Ajax 兼容套件。其中的函数和方法允许在不刷新浏览器的情况下从服务器加载数据。常见函数见表 11-2。

表 11-2　jQuery Ajax 操作函数

| 函　数 | 简　介 |
| --- | --- |
| jQuery.ajax() | 执行异步 HTTP（Ajax）请求 |
| ajaxComplete() | 当 Ajax 请求完成时注册要调用的处理程序。这是一个 Ajax 事件 |
| ajaxError() | 当 Ajax 请求完成且出现错误时注册要调用的处理程序。这是一个 Ajax 事件 |
| ajaxSend() | 在 Ajax 请求发送之前显示一条消息 |
| jQuery.ajaxSetup() | 设置将来的 Ajax 请求的默认值 |
| ajaxStart() | 当首个 Ajax 请求完成开始时注册要调用的处理程序。这是一个 Ajax 事件 |
| ajaxStop() | 当所有 Ajax 请求完成时注册要调用的处理程序。这是一个 Ajax 事件 |
| ajaxSuccess() | 当 Ajax 请求成功完成时显示一条消息 |
| jQuery.get() | 使用 HTTP GET 请求从服务器加载数据 |
| jQuery.getJSON() | 使用 HTTP GET 请求从服务器加载 JSON 编码数据 |
| jQuery.getScript() | 使用 HTTP GET 请求从服务器加载 JavaScript 文件，然后执行该文件 |
| load() | 从服务器加载数据，然后把返回的 HTML 代码放入 DOM 中 |
| jQuery.param() | 创建数组或对象的序列化表示，适合在 URL 查询字符串或 Ajax 请求中使用 |
| jQuery.post() | 使用 HTTP POST 请求从服务器加载数据 |
| serialize() | 将表单内容序列化为字符串 |
| serializeArray() | 序列化表单元素，返回 JSON 数据结构数据 |

## 11.2　jQuery 中的 Ajax 方法

jQuery 提供了多个与 Ajax 有关的方法。通过这些 Ajax 方法，能够使用 HTTP Get 和 HTTP Post 从远程服务器上请求文本、HTML、XML 或 JSON，同时能够把这些外部数据直接载入网页的被选元素中。

### 11.2.1　load() 方法

jQuery load() 方法是简单但强大的 Ajax 方法。load() 方法从服务器加载数据，并把返回的数据放入被选元素中。

语法格式如下：

```
$(selector).load(URL,data,callback);
```

其中，必需的 URL 参数规定希望加载的 URL；可选的 data 参数规定与请求一同发送的查询字符串键/值对集合；可选的 callback 参数是 load()方法完成后所执行的函数名称。

【案例】 load()方法的使用。

利用 load()方法把文件 demo1.txt 的内容加载到指定的元素中，效果如图 11-7(a)、图 11-7(b)所示。

(a) 程序初始内容　　　　　　　　　　　　(b) 程序运行后内容

图 11-7　load()方法的使用

分析：编辑文本文件 demo1.txt，利用 load()方法，将该文本文件中的内容，加载到指定网页元素中，进行显示。

(1) 新建 demo1.txt 文件，输入以下内容。

```
<h2>jQuery and Ajax</h2>
<p id="p1">这是在文本文件中提前编写好的内容</p>
```

(2) 新建文件 jQuery_Load.html，输入如下代码。

```
<!DOCTYPE HTML PUBLIC "-//W3C//DTD HTML 4.01 Transitional//EN">
<html>
  <head>
    <meta http-equiv="Content-Type" content="text/html; charset=UTF-8">
    <title>load方法</title>
    <script src="../jquery-3.5.1.js">
    </script>
    <script>
    $(document).ready(function(){
      $("#btn1").click(function(){
        $('#test').load('demo1.txt');
      })
    })
    </script>
  </head>
  <body>
    <h3 id="test">请单击下面的按钮，通过 jQuery AJAX 改变这段文本。</h3>
    <button id="btn1" type="button">获得外部的内容</button>
  </body>
</html>
```

可选的 callback 参数规定当 load() 方法完成后所要执行的回调函数。回调函数可以设置为以下不同的参数。

- responseTxt：包含调用成功时的结果内容。
- statusTXT：包含调用的状态。
- xhr：包含 XMLHttpRequest 对象。

下面的程序会在 load() 方法完成后显示一个提示框。如果 load() 方法已成功，则显示"外部内容加载成功！"；而如果失败，则显示错误消息。

```
$("button").click(function(){
  $("#div1").load("demo1.txt",function(responseTxt,statusTxt,xhr){
    if(statusTxt == "success")
      alert("外部内容加载成功！");
    if(statusTxt == "error")
      alert("Error: " + xhr.status + ": " + xhr.statusText);
  });
});
```

### 11.2.2 $.get()方法和$.post()方法

在 jQuery 中 get() 和 post() 方法用于通过 HTTP GET 或 POST 请求从服务器请求数据。在客户端和服务器端进行请求-响应的常用方法是 get() 和 post()。

**1. get() 方法**

get() 方法用于从指定的资源请求数据，post() 方法用于向指定的资源提交要处理的数据。

get() 方法通过远程 HTTP GET 请求载入信息。这是一个简单的 GET 请求功能以取代复杂的 $.ajax。请求成功时可调用回调函数。如果需要在出错时执行函数，则需要使用 $.ajax。

语法格式如下：

```
$(selector).get(url,data,success(response,status,xhr),dataType)
```

其中，url 规定将请求发送的那个 URL；可选参数 data 规定连同请求发送到服务器的数据；可选参数 success(response,status,xhr) 规定当请求成功时运行的函数；response 包含来自请求的结果数据；status 包含请求的状态；xhr 包含 XMLHttpRequest 对象；可选参数 dataType 规定预计的服务器响应的数据类型。

根据响应的不同的 MIME 类型，传递给 success 回调函数的返回数据也有所不同，这些数据可以是 XML root 元素、文本字符串、JavaScript 文件或者 JSON 对象。也可向 success 回调函数传递响应的文本状态。

get() 方法基本上用于从服务器获得（取回）数据。get() 方法可能返回缓存数据。

【案例】

```
$.get("test.php", { name: "John", time: "2pm" } );
```

表示请求 test.php 网页,传送 name 和 time 这 2 个参数,并忽略返回值。

```
$.get("test.php", function(data){
  alert("Data Loaded: " + data);
});
```

表示显示 test.php 返回值(HTML 或 XML,取决于返回值)。

【案例】 利用 GET 请求数据。

利用 GET 方法向 count.jsp 文件请求数据,并返回结果。程序运行后,网页中显示包含"发送一个 HTTP GET 请求并获取返回结果"提示信息的按钮。单击后,弹出窗口,并显示提示信息如图 11-8 所示。

图 11-8 提示信息

(1) 对于文件 count.jsp,其页面显示如图 11-9 所示,代码如下:

图 11-9 页面运行效果

```
<!DOCTYPE HTML PUBLIC "-//W3C//DTD HTML 4.01 Transitional//EN">
<html>
  <head>
    <%@ page language="java" contentType="text/html; charset=UTF-8"
        pageEncoding="UTF-8"%>
    <meta http-equiv="Content-Type" content="text/html; charset=UTF-8">
```

```jsp
    <title>在此处插入标题</title>
  </head>
  <body>
    <%
    int number = 0;
    if(application.getAttribute("number") == null)
    {
      number = 1;
    }else{
      number = Integer.parseInt((String)application.getAttribute("number"));
      number = number + 1;
    }
    out.print("您是第" + number + "位访客");
    application.setAttribute("number",String.valueOf(number));
    %>
  </body>
</html>
```

(2) 新建 jQuery_Get.html 页面,向 count.jsp 发送 GET 请求,代码如下:

```html
<!DOCTYPE HTML PUBLIC "-//W3C//DTD HTML 4.01 Transitional//EN">
<html>
  <head>
    <meta http-equiv="Content-Type" content="text/html; charset=UTF-8">
    <title>get方法</title>
    <script src="../jquery-3.5.1.js">
    </script>
    <script>
    $(document).ready(function(){
        $("button").click(function(){
            $.get("count.jsp",function(data,status){
                alert("数据:" + data + "\n状态:" + status);
            });
        });
    });
    </script>
  </head>
  <body>
    <button>发送一个 HTTP GET 请求并获取返回结果</button>
  </body>
</html>
```

### 2. post()方法

post()方法通过 HTTP POST 请求从服务器载入数据。不过,post()方法不会缓存数据,并且常用于连同请求一起发送数据。

语法格式如下:

```
jQuery.post(url,data,success(data, textStatus, jqXHR),dataType)
```

其中，url 规定将请求发送到哪个 URL；可选参数 data 规定连同请求发送到服务器的数据；可选参数 success(data,textStatus,jqXHR)是请求成功后所执行的函数名；可选参数 dataType 规定预期的服务器响应的数据类型，默认对数据类型执行智能判断(xml、json、script 或 html)。

【案例】 利用 POST 请求并发送数据。

分析：利用 post()方法向 Ajax_user.jsp 文件请求并发送数据，返回结果。页面效果如图 11-10(a)、图 11-10(b)所示。

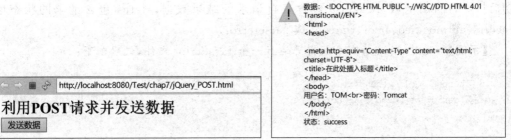

(a) 发送数据　　　　　　　　　　　　　　　(b) 提示信息

图 11-10　利用 POST 请求并发送数据

新建 jQuery_Post.html 页面文件，向 Ajax_user.jsp 发送 POST 请求，代码如下：Ajax_user.jsp 文件已经在上面案例中创建。

```html
<!DOCTYPE HTML PUBLIC " - //W3C//DTD HTML 4.01 Transitional//EN">
<html>
  <head>
    <meta http-equiv="Content-Type" content="text/html; charset=UTF-8">
    <script type="text/javascript" src="../jquery-3.5.1.js"></script>

    <script>
    $(document).ready(function(){
      $("button").click(function(){
        $.post("Ajax_user.jsp",
        {
          name:"TOM",
          pass:"Tomcat"
        },
        function(data,status){
          alert("数据:" + data + "\n状态:" + status);
        });
      });
    });
    </script>
  </head>
  <body>
    <div id="myDiv"><h2>利用 POST 请求并发送数据</h2></div>
    <button id="b01" type="button">发送数据</button>
  </body>
</html>
```

## 11.2.3　$.getScript()方法和$.getJSON()方法

### 1. getScript()方法

getScript()方法用于通过HTTP GET请求载入并执行JavaScript文件。

语法格式如下：

```
$(selector).getScript(url,success(response,status))
```

其中，url规定将请求发送到哪个URL；success(response,status)为可选参数，规定请求成功后执行的回调函数，response包含来自请求的结果数据，status包含请求的状态（如success、notmodified、error、timeout或parsererror）。

【示例】　通过Ajax请求来获得并运行一个JavaScript文件，代码如下：

```
$("button").click(function(){
  $.getScript("demo_ajax_script.js");
});
```

### 2. getJSON()方法

getJSON()方法方法用于通过HTTP GET请求载入JSON数据。

语法格式如下：

```
jQuery.getJSON(url,data,success(data,status,xhr))
```

其中，url规定将请求发送到哪个URL；data为可选参数，规定连同请求发送到服务器的数据；success(data,status,xhr)为可选参数，规定当请求成功时运行的函数，data包含来自请求的结果数据，status包含请求的状态，xhr包含XMLHttpRequest对象。

## 11.2.4　$.ajax()方法

利用ajax()方法可通过HTTP请求加载远程数据。该方法是jQuery的底层Ajax实现。$.ajax()返回其创建的XMLHttpRequest对象。

大多数情况下无须直接操作该函数，最简单的情况下，$.ajax()可以不带任何参数直接使用。

语法格式如下：

```
jQuery.ajax([settings])
```

其中，settings为可选参数，用于配置Ajax请求的集合（{name：value,name：value,...}）。可以通过$.ajaxSetup()设置任何默认值选项。

$.ajax()函数依赖服务器提供的信息来处理返回的数据。如果服务器报告说返回的数据是XML，那么返回的结果就可以用普通的XML方法或者jQuery的选择器来进行遍历。如果返回其他类型数据，比如HTML，则数据就会被以文本形式来对待。

JSONP 是 JSON 格式的扩展,它要求通过一些服务器端的代码来检测并处理查询字符串参数。

**【案例】** 修改网页内原有显示内容。

分析:通过单击网页上的"改变内容"按钮,可以将网页内原有显示内容"通过 Ajax 改变文本"信息,修改为"Ajax 是一个很棒的功能",效果如图 11-11(a)、图 11-11(b)所示。

(a) 单击"改变内容"按钮　　　　　　　　　　(b) 页面运行效果

图 11-11　修改网页内原有显示内容

(1) 编写文本文件 test1.txt,保存在 11 章的文件夹下,内容如下:

```
<p>功能演示</p>
<p>交互技术</p>
```

(2) 新建文件 jQuery_Ajax.html,代码内容如下:

```html
<!DOCTYPE HTML PUBLIC "-//W3C//DTD HTML 4.01 Transitional//EN">
<html>
  <head>
    <meta http-equiv="Content-Type" content="text/html; charset=UTF-8">
    <script type="text/javascript" src="../jquery-3.5.1.js"></script>
    <script type="text/javascript">
    $(document).ready(function(){
      $("#b01").click(function(){
      htmlobj=$.ajax({url:"test1.txt",async:false});
      $("#myDiv").html(htmlobj.responseText);
      });
    });
    </script>
  </head>
  <body>
    <div id="myDiv"><h2>通过 AJAX 改变文本</h2></div>
    <button id="b01" type="button">改变内容</button>
  </body>
</html>
```

## 11.3　jQuery 中的 Ajax 事件

事件处理程序通常指的是当 HTML 中发生某些事件时所调用的方法。通常会把 jQuery 代码放到<head>标签部分的事件处理方法中。Ajax 会触发很多事件,通常可以划分为两种事件,一种是局部事件,另一种是全局事件。局部事件可通过 $.ajax 来调用并且分配，代码如下：

```
$.ajax({
    beforeSend: function(){
       // Handle the beforeSend event
    },
    complete: function(){
       // Handle the complete event
    }
    // ...
});
```

全局事件可以用 bind 方法来绑定，用 unbind 来取消绑定。与 click、mousedown、keyup 等事件类似，但它可以传递到每一个 DOM 元素上，代码如下：

```
$("#loading").bind("ajaxSend", function(){      //使用 bind
    $(this).show();
}).ajaxComplete(function(){                     //直接使用 ajaxComplete
    $(this).hide();
});
```

当然，如果某一个 Ajax 请求不希望产生全局的事件，则可以设置参数 global：false。

```
$.ajax({
  url: "test.html",
  global: false,
  // ...
});
```

事件顺序与功能见表 11-3。

表 11-3  常见 jQuery Ajax 事件

| 事件 | 功能 |
| --- | --- |
| ajaxStart 全局事件 | 开始新的 Ajax 请求，并且此时没有其他 ajax 请求正在进行 |
| beforeSend 局部事件 | 当一个 Ajax 请求开始时触发。如果需要，可以在这里设置 XHR 对象 |
| ajaxSend 全局事件 | 请求开始前触发的全局事件 |
| success 局部事件 | 请求成功时触发。表示服务器没有返回错误，而且返回的数据也没有错误 |
| ajaxSuccess 全局事件 | 全局的请求成功 |
| error 局部事件 | 仅当发生错误时触发。无法同时执行 success 和 error 两个回调函数 |
| ajaxError 全局事件 | 全局发生错误时触发 |
| complete 局部事件 | 不管请求成功还是失败，即便是同步请求，也都能在请求完成时触发这个事件 |
| ajaxComplet 全局事件 | 全局的请求完成时触发 |
| ajaxStop 全局事件 | 当没有 Ajax 正在进行中的时候触发 |

全局事件中，除了 ajaxStart 和 ajaxStop 外，其他的事件都有 3 个参数，即 event、XMLHttpRequest、ajaxOptions，其中第 1 个是事件，第 2 个是 XHR 对象，第 3 个是当时调用这个 ajax 的时候的参数。对于 ajaxError，还有第 4 个参数 thrownError，只有当异常发

生时才会被传递该参数。

可以利用各种事件进行参数的传递。例如下面一段程序,通过 ajax 调用,来实现自定义参数的传递。

```
//自定义参数 messg
$.ajax({url:"test1.html",type:"get",messg:"页面一"});
$.ajax({url:"test2.html",type:"get",messg:"页面二"});
$.ajax({url:"test3.html",type:"get",messg:"页面三"});
$.ajax({url:"test4.html",type:"get",messg:"页面四"});
```

上面这段程序,可以获取到自定义参数 messg 内容,但对于不同的 ajax 请求还无法进行判断,可对程序进行修改,以实现区别对待不同的 ajax 请求,代码如下:

```
$("#messg").beforeSend(function(e,xhr,o) {
    $(this).html("正在请求" + o.messg);
}).ajaxSuccess(function(e,xhr,o) {
    $(this).html(o.messg + "请求成功");
}).ajaxError(function(e,xhr,o) {
    $(this).html(o.messg + "请求失败");
});
```

## 课 后 练 习

1. 编写一个网页,如图 11-12 所示,单击按钮后,将外部提交的基本个人信息(11 课后练习1辅助文件),替换掉网页中初始信息内容。

(a) 练习1页面起始内容　　(b) 练习1页面导入内容

图 11-12　替换页面内容

2. 制作网页1,包含练习1中辅助文件内容;制作网页2,包含相应提示按钮,实现单击按钮,将网页1中信息导入网页2中。

# 第 12 章　jQuery 的插件的开发与使用

Chapter 12

**学习目标**　掌握 jQuery 的插件开发方法；
熟练使用 jQuery 的插件开发程序。

## 12.1　jQuery 插件

　　jQuery 插件是一种以 jQuery 库为基础衍生出来的库，jQuery 插件的好处是提高了代码的复用性，可有利于提高开发速度，现在网络上开源的 jQuery 插件非常多，随着版本的不停迭代这些 jQuery 插件越来越稳定好用。

**1. 插件的概念**

　　jQuery 提供了一个强大的基础功能包。jQuery 插件是以 jQuery 为基础开发的功能更为完善、更易于直接使用的功能包，是对 jQuery 库的拓展，这些插件可帮助开发者实现个性化的效果。

　　可把 jQuery 理解为各种尺寸的木条、木板，而 jQuery 插件是用这些木条、木板做成的各种桌子、椅子、床。开发人员可以用 jQuery 插件，也就是这些桌子、椅子、床，通过组合摆放实现家居整体设计方案。

　　比如，jQuery 提供选择器，如 $("#domid")，以及效果（如 animate）等基础功能。而 jQuery 插件，如 slidesjs，则用 jQuery 提供的功能实现图片轮播效果。这个插件只有这一个产生图片轮播效果的功能。

　　开发人员则可以直接使用这个插件 slidesjs，不用自己再编写功能定义代码。只需要调用这个插件并进行适当设置（也就是上面说的组合摆放），就可以在网页中实现广告图片切换轮播效果了。

　　一般情况下一个 jQuery 插件只用于实现一个功能且可以直接使用，也有少数 jQuery 插件可用于实现多个功能。

**2. jQuery 插件的种类**

　　jQuery 插件一般可分为以下 3 类。

　　（1）对象级别的插件。即给 jQuery 对象添加方法，封装对象方法的插件，如 parent()、appendTo()。

　　（2）类级别的插件。即给 jQuery 添加新的全局函数，相当于给 jQuery 类本身添加方法，jQuery 的全局函数就是属于 jQuery 命名空间的函数，是封装全局函数的插件。

（3）选择器插件。很少需要进行开发再使用。自定义的插件多数属于前面两种。

网上有很多可直接使用的插件，大家可以在网上进行搜索，例如"https://www.jq22.com/"网站，该网站收集了大量 jQuery 插件和提供各种 jQuery 特效的详细使用方法，可在线预览，并提供 jQuery 插件下载及教程。

## 12.2 常用 jQuery 插件

jQuery 插件太多了，只有需要的时候才知道该用什么，平时常用的有比如分页插件、轮播图插件、移动端时间和日期选择插件等。在此列举两种常用插件。

### 1. 轮播图插件

轮播图片功能在当前的网站上使用得特别多。unslider 就是一个挺好用的幻灯片插件，一款非常轻量的 jQuery 插件，能够用于任何 HTML 内容的滑动。可以响应容器的大小变化，自动排布不用大小的滑块。只需引入 unslider.min.js 就可直接使用。

【案例】 轮播图片。

新建文件 chap12_1.html，实现显示轮播 5 张世界不同城市的标志图片，代码如下：

```html
<!-- 首先引入 jQuery 和 unslider -->
<script src="jquery/jquery.js"></script>
<script src="jquery/unslider.min.js"></script>

<!-- 写点样式,让轮播好看点 -->
<style>
ul, ol { padding: 0;}
.banner { position: relative; overflow: auto; text-align: center;}
.banner li { list-style: none; }
.banner ul li { float: left; }
#b04 { width: 640px;}
#b04 .dots { position: absolute; left: 0; right: 0; bottom: 20px;}
#b04 .dots li
{
    display: inline-block;
    width: 10px;
    height: 10px;
    margin: 0 4px;
    text-indent: -999em;
    border: 2px solid #fff;
    border-radius: 6px;
    cursor: pointer;
    opacity: .4;
    -webkit-transition: background .5s, opacity .5s;
    -moz-transition: background .5s, opacity .5s;
    transition: background .5s, opacity .5s;
```

```css
}
#b04 .dots li.active
{
    background: #fff;
    opacity: 1;
}
#b04 .arrow { position: absolute; top: 200px;}
#b04 #al { left: 15px;}
#b04 #ar { right: 15px;}
</style>

<body>
<!-- 把要轮播的地方写上来 -->
<div class="banner" id="b04">
    <ul>
        <li><img src="img/01.jpg" alt="" width="640" height="480"></li>
        <li><img src="img/02.jpg" alt="" width="640" height="480"></li>
        <li><img src="img/03.jpg" alt="" width="640" height="480"></li>
        <li><img src="img/04.jpg" alt="" width="640" height="480"></li>
        <li><img src="img/05.jpg" alt="" width="640" height="480"></li>
    </ul>
    <a href="javascript:void(0);" class="unslider-arrow04 prev"><img class="arrow" id="al" src="img/arrowl.png" alt="prev" width="20" height="35"></a>
    <a href="javascript:void(0);" class="unslider-arrow04 next"><img class="arrow" id="ar" src="img/arrowr.png" alt="next" width="20" height="37"></a>
</div>
</body>

<!-- 最后用js控制 -->
<script>
$(document).ready(function(e) {
    var unslider04 = $('#b04').unslider({
        dots: true
    }),
    data04 = unslider04.data('unslider');

    $('.unslider-arrow04').click(function() {
        var fn = this.className.split(' ')[1];
        data04[fn]();
    });
});
</script>
```

运行显示结果如图 12-1 所示。

unslider 插件参数说明见表 12-1。

# 第12章 jQuery的插件的开发与使用

图 12-1 图片轮播

表 12-1 unslider 插件参数说明

| 参　　数 | 说　　明 |
| --- | --- |
| speed | 图片切换的速度，数字，单位为毫秒 |
| delay | 图片停留的时间，数字，单位为毫秒 |
| complete | 每次图片切换完后的回调函数，function(){} |
| keys | 是否支持键盘控制，取值 true/false |
| dots | 是否显示指示器，取值 true/false |
| fluid | 是否支持响应式布局，取值 true/false |

例如：

```
$('.banner').unslider({
    speed: 500,              //滚动速度
    delay: 3000,             //动画延迟
    complete: function() {}, //动画完成的回调函数
    keys: true,              //启动键盘导航
    dots: true,              //显示点导航
    fluid: false             //支持响应式设计
});
```

## 2. 手风琴折叠菜单插件

【案例】 手风琴折叠菜单的应用。

新建文件 chap12_2.html，实现手风琴折叠菜单的应用，代码如下：

```
<html>
  <head>
  <script src = "jquery/jquery.js"></script>
  <style>
```

```css
<style>
body{
    margin:0;
    padding:0;
}
.container{
    width:700px;
    height:500px;
    margin:70px auto;
}
.handle{
    float:left;
    margin:0 2px;
    width:50px;
    height:500px;
    cursor:pointer;
    background:#F0F;
    font:bold 24px Arial, Helvetica, sans-serif;
    text-align:center;
    color:#FFF;
    -webkit-border-radius:25px;
    -moz-border-radius:25px;
    -o-border-radius:25px;
    border-radius:25px;
    -webkit-transition:0.3s ease-in-out;
    -moz-transition:0.3s ease-in-out;
    -o-transition:0.3s ease-in-out;
    -ms-transition:0.3s ease-in-out;
}

.handle:hover{
    background:#FC3;
    -webkit-transform:scale(1.02);
    -moz-transform:scale(1.02);
    -ms-transform:scale(1.02);
    -o-transform:scale(1.02);
}
.select{
    background:#FC3;
}
.slide{
    background:url(img/black.jpg);
    float:left;
    width:220px;
    height:500px;
    display:none;
    margin:0 4px;
    -webkit-border-radius:25px;
    -moz-border-radius:25px;
    -o-border-radius:25px;
```

```css
        border-radius:25px;
}
img{
    background:#FFF;
    display:block;
    width:180px;
    height:440px;
    margin:20px auto;
    padding:5px;
}

.rotate{
    margin:50px auto;
    -webkit-transform:rotate(90deg);
    -moz-transform:rotate(90deg);
    -ms-transform:rotate(90deg);
    -o-transform:rotate(90deg);
}
```
```html
</style>
<script type="text/javascript">
$(document).ready(function(){
    var j = 1;
     $(".handle").each(function(){
        if($.browser.msie&&($.browser.version <= "8.0"))
        {
            $(this).children("p").html(j);
            j++;
        }
        else{
            var i = $(this).attr("id");
            $(this).children("p").html(i);
        }
    })

    $(".handle").click(function(){
        if(!$(this).siblings(".slide").is(":visible")){
            $(this).addClass("select");
            $(this).siblings(".slide").animate({width:"show"},180);
            $(this).parent().siblings().children(".slide").animate({width:"hide"},180);
            $(this).parent().siblings().children(".handle").removeClass("select");
        }
        else{
            $(this).siblings(".slide").animate({width:"hide"},180);
            $(this).removeClass("select");
        }
    })
})
</script>
</head>
<body>
    <div class="container">
```

```html
        <div>
            <div class="handle" id="spring"><p class="rotate"></p></div>
            <div class="slide"><img src="img/spring.jpg" /></div>
        </div>
        <div>
            <div class="handle" id="summer"><p class="rotate"></p></div>
            <div class="slide"><img src="img/summer.jpg" /></div>
        </div>
        <div>
            <div class="handle" id="autumn"><p class="rotate"></p></div>
            <div class="slide"><img src="img/autumn.jpg" /></div>
        </div>
        <div>
            <div class="handle" id="winter"><p class="rotate"></p></div>
            <div class="slide"><img src="img/winter.jpg" /></div>
        </div>
    </div>
</body>
</html>
```

设定了春夏秋冬四季的四张照片，单击菜单条目，对应的季节图片就像手风琴一样能拉开或者合上，效果如图12-2所示。

图12-2 手风琴折叠菜单

## 12.3 开发自己的插件

jQuery 为开发插件提供了两个方法，即封装方法插件、封闭函数插件。

(1) jQuery.fn.extend(object)：给 jQuery 类添加方法。

(2) jQuery.extend(object)：为扩展 jQuery 类本身，为类添加新的方法，可以理解为添加静态方法。

这两个方法都接受一个参数，类型为 Object，Object 对应的"名/值对"分别代表函数或方法体/函数主体。

**1. 编写 jQuery 插件**

封装 jQuery 方法的插件，首先需要在 JavaScript 代码文件里搭好框架，代码如下：

```
<span style="font-size:12px;">;(function($){
    //这里写插件代码
})(jQuery);</span>
```

**2. 对象级别的插件开发**

即给 jQuery 对象添加方法，封装对象方法的插件，如 parent()、appendTo()。

由于是对 jQuery 对象的方法进行扩展，因此采用扩展类（封装对象方法）插件的方法 jQuery.fn.extend()来编写。

对于 fn 来说，jQuery.fn＝jQuery.prototype。虽然 JavaScript 没有明确的类的概念，但是用类来理解它会更方便。jQuery 便是一个封装得非常好的类，比如语句 $("#btn1") 会生成一个 jQuery 类的实例。

语句 jQuery.fn.extend(object)，即对 jQuery.prototype 进行扩展，就是为 jQuery 类添加"成员函数"。jQuery 类的实例可以使用这个"成员函数"，即 $("#id").object()。

```
<span style="font-size:12px;">;(function($){
 $.fn.extend({
   "color":function(value){
     //这里写插件代码
   }
 });
})(jQuery);</span>
```

或者

```
<span style="font-size:12px;">;(function($){
 $.fn.color = function(value){
   //这里写插件代码
 }
})(jQuery);</span>
```

这里的方法提供一个参数 value，如果调用方法时传入 value，那么就用这个值来设置字体颜色，否则就自动获取匹配无此字体颜色的值。用 jQuery.fn.extend()编写代码如下：

```
<span style="font-size:12px;">;(function($){
    $.fn.extend({
```

```
            "color":function(value){
                return this.css("color",value);
            }
        });
    })(jQuery);</span>
```

插件内部的 this 指向的是 jQuery 对象,而非普通的 DOM 对象。接下来注意的是,插件如果不需要返回字符串之类的特定值,应当使其具有可链接性。

为此,直接返回这个 this 这个对象,由于 css() 方法也会返回调用它的对象,即此外的 this,因此可以将代码写成下面的形式。

调用时可直接写成:

```
$("div").color("red");
```

另外,如果要定义一组插件,可以使用如下代码。

```
<span style="font-size:12px;">;(function($){
    $.fn.extend({
        "color":function(value){
            //这里写插件代码
        },
        "border":function(value){
            //这里写插件代码
        },
        "background":function(value){
            //这里写插件代码
        }
    });
})(jQuery);</span>
```

比如要开发一个插件,做一个特殊的编辑框,当它被单击时,便提示(alert)当前编辑框里的内容。代码如下:

```
$.fn.extend({
    alertWhileClick:function(){
        $(this).click(function(){
            alert($(this).val());
        });
    }
});
$("#input1").alertWhileClick(); //页面上为:<input id="input1" type="text"/>
```

$("#input1") 为一个 jQuery 实例,当它调用成员方法 alertWhileClick 后,便实现了扩展,每次被单击时会先弹出提示目前编辑框里内容的对话框。

### 3. 封装全局函数的插件

这类插件是在 jQuery 命名空间内部添加一个函数。这类插件很简单,只是普通的函数,没有特别需要注意的地方。典型的例子就是 $.AJAX() 这个函数,将函数定义于 jQuery 的命名空间中。

为 jQuery 类添加类方法,可以理解为添加静态方法。例如:

```
$.extend({
    add:function(a,b){return a + b;}
});
```

便为 jQuery 类添加了一个名为 add 的静态方法,之后便可以在引入 jQuery 的地方,使用这个方法了,如 $.add(3,4); //return 7。

jQuery.extend()方法除了可以扩展 jQuery 对象外,还可以扩展已有的 Object 对象,经常被用于设置插件方法的一系列默认参数,可以很方便地用传入的参数来覆盖默认值。例如 jQuery.extend(object1,object2),其中,object1 为默认参数值,object2 为传入的参数值;在下面例子中新增两个函数,用于去除字符串左侧和右侧的空格。

首先构建一个 Object 对象,把函数名和函数都放进去,其中的名/值对分别为函数名和函数主体,然后利用 jQuery.extend()方法直接对 jQuery 对象进行扩展。

jQuery 代码如下:

```
<span style = "font-size:12px;">;(function($){
    $.extend({
        ltrim:function(text){
            return (text||"").replace(/^\s+g,"");
        },
        rtrim:function(text){
            return (text||"").replace(/\s+$/g,"");
        }
    });
})(jQuery);
```

或者

```
<span style = "font-size:12px;">;(function($){
    $.ltrim = function(text){
        return (text||"").replace(/^\s+g,"");
    },
    $.rtrim = function(text){
        return (text||"").replace(/\s+$/g,"");
    }

})(jQuery);</span>
```

其中,(text||"")部分是用于防止传递进来的 text 这个字符串变量处于未定义的特殊状态,如果 text 是未定义的(undefined),则返回字符串"",否则返回字符串 text。这个处理是为了保证接下来的字符串替换方法 replace()方法不会出错,符号 * 运用了正则表达式替换首末的空格。

现在调用函数,代码如下：

```
<span style="font-size:12px;">$("trimTest").val(
    jQuery.trim(" test ") + "\n" +
    jQuery.ltrim(" test ") + "\n" +
    jQuery.rtrim(" test ")
);</span>
```

运行代码后,文本框中第一行字符串左右两侧的空格都被删除,第二行的字符串只有左侧的空格被删除,第三行的字符串只有右侧的空格被删除。

## 课 后 练 习

1. 上网搜索 jQuery 拖拽排序布局插件并加以应用。
2. 上网搜索 jQuery 左右箭头控制文字列表切换特效并加以应用。

# 参 考 文 献

[1] 张孝祥. Java 就业培训教程[M]. 北京：清华大学出版社，2008.
[2] 温谦. HTML＋CSS 网页设计与布局从入门到精通[M]. 北京：人民邮电出版社，2008.
[3] 梁文新. Ajax＋JSP 网站开发从入门到精通[M]. 北京：清华大学出版社，2008.
[4] 辛立伟. Java 从初学到精通[M]. 北京：电子工业出版社，2010.
[5] 杨涛译. JavaScript DOM 编程艺术[M]. 2 版. 北京：人民邮电出版社，2011.
[6] 单东林，张晓菲. 锋利的 jQuery[M]. 2 版. 北京：人民邮电出版社，2012.
[7] 关忠. Java 程序设计案例教程[M]. 北京：电子工业出版社，2013.
[8] 张白一. 面向对象程序设计——Java[M]. 西安：西安电子科技大学出版社，2013.
[9] Jonathan Chaffer，Karl Swedberg. jQuery 基础教程[M]. 4 版. 李松峰，译. 北京：人民邮电出版社，2013.
[10] 张晓景. 网页色彩搭配设计师必备宝典[M]. 北京：清华大学出版社，2014.
[11] 蒋金楠. ASP. NET MVC 5 框架揭秘[M]. 北京：电子工业出版社，2014.
[12] 张蓉. 网页制作与网站建设宝典[M]. 北京：电子工业出版社，2014.
[13] 朱伟华. Asp. Net 程序设计案例教程[M]. 北京：清华大学出版社，2014.
[14] 胡秀娥. 完全掌握网页设计和网站制作实用手册[M]. 北京：机械工业出版社，2014.
[15] 范生万，王敏. 电子商务网站建设与管理[M]. 上海：华东师范大学出版社，2015.
[16] 刘玉红. 网站开发案例课堂：HTML 5＋CSS 3＋JavaScript 网页设计案例课堂[M]. 北京：清华大学出版社，2015.
[17] David McFarland. CSS 实战手册[M]. 北京：中国电力出版社，2016.
[18] 刘西杰. HTML CSS JavaScript 网页制作从入门到精通[M]. 北京：人民邮电出版社，2016.
[19] 董宁，陈丹. JavaScript 语言与 Ajax 应用[M]. 北京：中国水利水电出版社，2016.
[20] 郑婷婷. 响应式网页开发基础教程(jQuery＋Bootstrap)[M]. 北京：人民邮电出版社，2019.